Horloges, pendules
et mécanique céleste

ISBN : 2-84134-057-0

© 1985 SIMON GINDIKIN

édition originale :
Rasskazy o fizikah i matematikakh
Bibliothèque de Kwant, vol. 14.

traduit du russe par Jean-Michel Kantor

© 1995 DIDEROT EDITEUR, ARTS ET SCIENCES
Paris • New York • Amsterdam
20, rue Notre Dame de Nazareth • 75 003 PARIS

conception graphique :
Frank Massein
Muriel Raux

tous droits de reproduction, même fragmentaires, sous quelque forme que ce soit,
y compris photographie, microfilm, bande magnétique, disque ou autre, réservés pour tous pays.

Horloges, pendules et mécanique céleste

MATHÉMATICIENS ET PHYSICIENS
DE LA RENAISSANCE À NOS JOURS

SIMON GINDIKIN

Sommaire

Avant-propos à l'édition française (Simon Gindikin) .... p. 3

Préface (Michel Paty) .... p. 7

Introduction (Simon Gindikin) .... p. 19

Ars magna .... p. 25

    ÉPILOGUE .... p. 48
        "De propria vita" .... p. 49

Deux récits sur Galilée .... p. 53

    1. La découverte des lois du mouvement .... p. 54
    2. Les astres médicéens .... p. 77
    APPENDICE .... p. 106
        Olaus Römer .... p. 106

Christiaan Huygens, l'horloge à balancier, et une courbe "jamais étudiée par les Anciens" .... p. 111

Blaise Pascal .... p. 137

Le prince des mathématiciens .... p. 165

    1. Les débuts .... p. 165
    2. Le "théorème d'or" .... p. 191
    3. Journées royales .... p. 210
    APPENDICE .... p. 228
        Problèmes de géométrie conduisant
        à une équation du troisième degré .... p. 228

Avant-propos à l'édition française

Ce livre est paru en russe en 1981, il a été réimprimé à plusieurs reprises et une seconde édition est sortie en 1985. Il s'est vendu en Union Soviétique à des centaines de milliers d'exemplaires. Ce succès témoigne de l'intérêt fantastique dont les mathématiques faisaient l'objet à l'époque soviétique, un souvenir qui n'est pas sans susciter aujourd'hui la nostalgie de nos mathématiciens. Il n'est pas dans mes intentions d'étudier ici tous les aspects de ce phénomène, mais je voudrais dire au moins quelques mots sur ses causes. Les mathématiques étaient l'un des rares domaines de l'activité intellectuelle dans lequel on pouvait espérer jouir d'une relative indépendance vis-à-vis du régime communiste, et ce fait attirait beaucoup de jeunes gens doués qui, en d'autres circonstances, se seraient peut-être orientés vers autre chose. C'est en grande partie la raison des brillants résultats obtenus par les mathématiques soviétiques. Bien entendu, le monde des mathématiques était un organisme malade : l'antisémitisme y sévissait, et la mafia du parti y occupait les positions dirigeantes, empêchant souvent des jeunes très doués d'accéder à une formation mathématique ou à des postes permettant de se consacrer à la recherche. En outre, il était plus ou moins interdit d'avoir des contacts avec des collègues étrangers. Mais avec un peu de chance, on pouvait mener une activité intellectuelle sérieuse, et même publier des articles sans être obligé d'y citer les classiques du marxisme-léninisme. Même en physique, le poids de l'idéologie pesait plus lourd —sans parler de la biologie, de l'économie et de la linguistique, sur lesquelles Staline avait eu le temps de se prononcer. Que serait-il arrivé s'il s'était également intéressé aux mathématiques ! (Soljénitsyne a imaginé une scène dans laquelle le Chef feuillette un manuel scolaire de mathématiques et choisit la science à laquelle devra s'intéresser la patrie).

Grâce à l'intérêt général qui existait pour les mathématiques dès les années 30, la formation mathématique a pu se développer de façon active : cercles (clubs) de maths, compétitions (olympiades), publication de toute une littérature de vulgarisation scientifique. À partir des années 60, on a vu se multiplier des classes et des écoles spécialisées en mathématiques, qui rassemblaient la plupart des meilleurs élèves, dont certains commençaient à se lancer dans la recherche dès le secondaire. Déjà par le passé, les mathématiciens obtenaient leurs premiers résultats alors qu'ils étaient encore des étudiants. Dès lors, il n'était pas rare de les voir débuter leur carrière à quatorze ou quinze ans. Par ailleurs, ces écoles spécialisées étaient souvent fréquentées par des jeunes qui choisissaient par la suite des professions sans aucun rapport avec les mathématiques : ils étaient attirés par le haut niveau intellectuel de l'ensemble des élèves. C'est également dans ces années-là que l'on a assisté à un renouvellement de la littérature de vulgarisation scientifique qui, délaissant la conception de problèmes difficiles, s'est tournée vers des mathématiques plus réelles. La revue pour la jeunesse Kvant ("Quanta") jouait un grand rôle à l'époque, ainsi que la série de petits ouvrages qu'elle publiait en supplément —la "Bibliothèque Kvant", dans le cadre de laquelle j'ai publié ce livre.

Tout a commencé par des cours que je donnais dans le secondaire et dans lesquels je tâchais de retracer, à l'aide d'exemples concrets, le parcours suivi par de grands mathématiciens. En étudiant en détail les deux premiers travaux de jeunesse de Gauss, il m'était impossible de passer sous silence certains faits concernant sa vie et sa personnalité. Peu à peu, je me suis ainsi intéressé à des mathématiciens et des physiciens, en m'efforçant de ne pas dissocier leur biographie de leurs résultats. Je prenais pour modèle non des articles d'historiens, mais plutôt les romans de Dumas. Ce livre rassemble une partie de ces cours.

Il faut dire qu'à cette époque, l'histoire des mathématiques était une chasse gardée, un domaine dans lequel sévissaient souvent des gens étroitement liés au régime officiel, et fort éloignés des mathématiques.

À présent, je vis et je travaille aux États-Unis, où les mathématiques, comme les autres sciences exactes, sont loin de connaître auprès de la jeunesse la popularité dont elles jouissaient en U.R.S.S. Je n'arrive pas à croire qu'à la veille du XXIe siècle, l'intérêt pour les sciences exactes ne puisse se développer que sous les régimes totalitaires.

Je viens de faire un séjour en France. J'ai l'espoir que mon livre sera utile à tous ceux qui continuent à observer la tradition d'amour pour les mathématiques si présente dans ce pays. Je ne pense pas que mon ouvrage ait vieilli, puisque les hommes dont il parle, ainsi que leurs travaux, sont immortels.

Je tiens à remercier Sophie Benech, qui a traduit avec diligence cette introduction et tout particulièrement mon traducteur Jean-Michel Kantor, que je connais depuis de nombreuses années et qui a beaucoup fait pour que mon livre paraisse en France.

Princeton, Paris — Septembre 1995.
Simon G. Gindikin

Préface

Chacun se souvient des collections de livres qui ont enchanté notre enfance, intitulées *Contes de tous les pays*, ou *de toutes les régions*, ou même *de toutes les civilisations*. Il n'existe pas encore, à ma connaissance, de collection semblable sur *tous les penseurs*, par exemple, *Récits et aventures de la pensée de tous les pays et de tous les temps*. Le beau livre de Gindikin pourrait être le premier d'une telle collection, à l'usage des enfants de 7 à 97 ans et plus.

Son ouvrage est une reprise d'articles parus dans le magazine *Quant*, et s'adresse à des lecteurs ayant déjà une bonne culture, mais pas nécessairement très approfondie du point de vue scientifique ni, bien sûr de l'histoire des sciences, sur les sentiers de laquelle il se propose de les conduire. Publié sous forme de livre en russe en 1981, réédité en 1988, il fut traduit en anglais la même année. Nous sommes heureux d'accueillir aujourd'hui sa traduction en français.

Il s'agit donc de récits qui concernent quelques grandes figures de savants du XVIe au XIXe siècle qui ont contribué de manière décisive à renouveler les connaissances en mathématiques et en physique. Les événements décrits sont essentiellement des aventures dans la pensée, dont l'auteur nous fournit tous les éléments qui les rendent intelligibles, n'hésitant pas à proposer des descriptions précises du point de vue mathématique et physique, mettant l'accent sur l'aspect résolument novateur, voire audacieux, de l'approche choisie des problèmes auxquels les héros sont confrontés, de leur démarche, de leurs découvertes. Mais ces événements sont vécus par des êtres humains, ce sont des aventures au sens propre, survenues dans le parcours d'une vie, dans la société d'une époque

—une micro-société, souvent—, d'hommes avec leurs projets, leurs rencontres, leurs passions, leurs chimères.

Décidément, l'idée du récit pour narrer des histoires d'œuvres scientifiques est une riche idée : ce genre littéraire, appliqué comme ici avec talent, est éminemment propre à nous faire voir que la science aussi porte la dimension de l'humain. Car, avant de devenir un corps de connaissances abstraites et comme intemporelles où chacun peut venir puiser, mais qui par cela même donne une impression de froideur, elle surgit du travail de la pensée d'êtres singuliers, elle est création de formes nouvelles issues en vérité de la vie —car la pensée appartient à la vie—, formes idéelles inventées par des êtres pensants dont elles portent la marque du travail et du génie, avant de leur échapper pour être reprises en d'autres lieux, en d'autres temps, par d'autres êtres pensants, humains eux aussi, et connaître de nouvelles informations, de nouveaux surgissements. Elle prend la forme d'un destin qui échappe, par ses significations, à celui qui avait cru la circonscrire. Tel résultat découvert semble un moment coïncider avec l'invention de son inventeur, qui ne fut en vérité que l'instrument de sa mise au point —pourtant, dans un acte véritablement créateur—, mais très vite il lui échappe et son importance s'avère tout autre que ce à quoi celui-ci s'était attendu.

Ces récits sont véridiques, et le livre s'apparente par là à l'histoire des sciences. L'auteur attire cependant l'attention sur le fait qu'il a parfois reformulé les problèmes et les solutions pour les rendre plus faciles à comprendre pour les lecteurs d'aujourd'hui et qu'il ne faut donc pas prendre son livre à strictement parler pour un livre d'histoire des sciences : il invite le lecteur préoccupé d'exactitude à se reporter aux ouvrages d'histoire des sciences, ou mieux encore aux textes : et comme il les indique en détail, avec leurs références, le travail est assez facile pour le néophyte. Il ne prétend en outre à aucune exhaustivité : s'il concerne des événements (de pensée) qui s'échelonnent de la Renaissance jusqu'au XIXe siècle, il ne se propose aucunement de nous décrire toute cette tranche d'histoire : il nous en présente quelques moments, chacun organisé en récit, centré autour d'un héros principal, mais où d'autres personnages apparaissent, dont le nom, souvent, n'est pas inconnu du lecteur, ils viennent progressivement tenir leur partie dans la scène reconstituée reprenant vie à nos yeux qui ne les avaient connus que sous la forme abstraite et symbolique de noms propres couchés dans les livres de science.

Le choix des sujets est un peu au hasard, comme vient à un écrivain le sujet d'une histoire, par l'inspiration, l'envie de raconter, suscitée par une situation, une idée, un personnage. Cependant, un plan d'ensemble préside à l'ouvrage : les moments choisis sont significatifs, chacun à une période différente (encore que l'on saute, après le XVIIe siècle, directement au XIXe avec Gauss, quand le XVIIIe est rempli de savants mathématiciens, géomètres et physiciens, dont l'œuvre n'est pas moins fondamentale, et dont les figures ne sont pas moins hautes en couleurs. Mais cela pourrait être l'objet —pourquoi pas ?— d'un autre volume, *Physiciens, et mathématiciens à l'époque des Lumières...*). En tout cas, les personnages choisis sont indéniablement des pionniers, comme Gauss, qui amorce un renouvellement décisif des diverses branches des mathématiques.

La première étape, sujet de premier récit intitulé *Ars magna*, est celle d'une inauguration : celle de l'accès des savants européens au premier rang dans les sciences, quand ils apprennent ou redécouvrent les mathématiques avancées, oubliées de l'Occident, des Grecs et de leurs successeurs, les Arabes : c'est seulement alors qu'ils parviennent à les dépasser en énonçant la solution des équations du troisième degré. Voici donc cette œuvre de la Renaissance, *Ars magna*, et son auteur Girolamo Cardano, mieux connu des mathématiciens français comme Jérôme Cardan —inventeur, par ailleurs d'un procédé de suspension dénommé après lui "à cardans" (procédé qui, semble-t-il était déjà présent dans l'Antiquité ; d'ailleurs, Léonard de Vinci avait décrit une boussole à suspension dans son *Codice Atlantico*). Girolamo Cardano, médecin, mathématicien, esprit encyclopédique, faisait aussi des horoscopes de personnalités, croyait à la magie, aux prémonitions, aux démons, et décrivait ses rêves. Citons, parmi ses ouvrages, son autobiographie, *De vita propria liber*, un *De libris proprii*, un *De subtilitate rerum*, qui eut un rôle en France durant tout le XVIIe siècle, pour la diffusion des connaissances sur la statique et l'hydrostatique, un *De rerum varietate*, un *Practica Arithmeticae generalis* et l'*Ars Magna*. C'est à Cardan que l'on doit l'idée, employée par Galilée dont il sera question dans le récit suivant, d'utiliser le pouls pour mesurer le temps. Il estimait le mouvement perpétuel impossible, et Pierre Duhem voit chez lui l'origine de l'idée de déplacements virtuels ; il remarqua, pour la première fois, qu'une équation du troisième degré du type $x^3 + ax^2 + bx + c = 0$ a trois racines réelles dont la somme est égale à $(-a)$, et montra dans son *Ars magna* la voie des développements ultérieurs de l'algèbre : cet ouvrage, au dire du grand mathématicien Félix Klein, contient les prémisses de l'algèbre moderne. D'autres personnages sont également très présents dans ce premier récit, tels Ferrari ou Tartaglia, auteur de la *Nuova Scienza* (1537), un autre récit qui marque son époque.

La deuxième étape nous est déjà plus familière, sous le titre "Deux récits sur Galilée". Elle concerne avant tout la loi de la chute des corps, la naissance de la mécanique et les premiers jalons vers le calcul infinitésimal, les découvertes astronomiques qui marquent le début d'un renouveau de cette science. C'est d'abord une belle histoire de la curiosité scientifique, qui adjoint celle d'autres grands penseurs —comme Spinoza ou Einstein qui nous ont eux-mêmes raconté leurs émerveillements d'enfants ou plutôt les étonnements mathématiques ou physiques qui les ont jetés sur la voie du questionnement— philosophique ou scientifique. L'histoire est empruntée au récit qu'en fit Vincenzio Viviani, élève de Galilée, qui le recueillit de la bouche du savant lui-même, vers la fin de sa vie. À l'âge de vingt ans, observant le balancement des lustres dans la cathédrale de Pise, Galilée eut l'impression que le temps d'une oscillation était le même quelle que soit l'amplitude, et l'attribua au fait que la vitesse lui paraissait plus grande quand l'arc décrit est plus grand et plus incliné. Il fit ensuite des expériences pour vérifier cette idée, sur des pendules faits de balles de plomb (puis d'autres matières) suspendus à un fil, dont il fit ensuite varier la longueur. Il observa de la sorte l'isochronisme des petites oscillations, pour une longueur donnée, quels que soient le poids ou la densité de balles, et établit aussi une relation entre la longueur du pendule et la fréquence des oscillations. On voit ici comment d'une observation attentive surgit une idée et comment naît l'expérience contrôlée qui permet d'étudier méthodiquement le comportement du phénomène, suivant l'évolution de chacune des variables du problème, ce qui permet ensuite de formuler une loi.

Une autre "belle" histoire de Galilée concerne son établissement de la loi de la chute des corps. Benedetti, étudiant de Tartaglia —l'un des personnages du récit précédent— , se proposa de réfuter l'explication donnée par Aristote, selon laquelle la vitesse de chute est proportionnelle au poids du corps : selon lui, elle était proportionnelle à la densité. Galilée le crut longtemps lui aussi. Benedetti avait observé également que la vitesse de chute libre augmente avec le mouvement du corps, et Galilée se proposa d'en trouver la loi mathématique. Par un argument de simplicité (la nature choisit les voies les plus simples et les plus aisées), il posa d'abord que la vitesse de chute est tout simplement proportionnelle à la distance. Mais il réalisa par la suite que cet argument conduirait à l'impossibilité du mouvement, par un raisonnement "à la Zénon". Puis il s'aperçut que la bonne variable n'était pas la distance, mais le temps : le mouvement de chute des corps est uniforme par rapport au temps. C'est le temps qui doit être choisi comme variable, ce qui représente une innovation, à une époque où la mesure exacte du temps ne faisait pas partie des préoccupations, ce qui allait ensuite changer. Suite à ces événements et à cette transformation le nom de Huygens devait être étroitement attaché.

Bien d'autres événements concernent encore Galilée, comme l'énoncé du principe d'inertie, qu'il concevait comme valide seulement pour la mécanique terrestre (sur le plan horizontal), mais non pour la mécanique céleste, (où il regardait encore le mouvement circulaire comme naturel), ou ses travaux sur la chute des corps, qui font apparaître la forme parabolique des trajectoires. Voici le moment d'une coïncidence étonnante et lourde de conséquences : en vérité, les coniques font leur apparition en relation aux mouvements des corps physiques, à la même époque, et de deux manières indépendantes. Galilée montre comment les paraboles sont les trajectoires des corps qui tombent tout en étant animés d'une vitesse initiale. Johannes Kepler découvre de son côté, à peu près à la même époque, que l'orbite de la planète Mars est une ellipse dont le Soleil occupe l'un des foyers, conclusion qu'il étend ensuite aux autres planètes. Or personne avant Newton ne rapprochera ces deux résultats, ces deux ordres de choses ! Galilée n'accepta pas les lois de Kepler et ne communiqua pas ses propres résultats à ce dernier, bien qu'ils aient échangé tous deux une correspondance suivie.

Quant à Kepler, il estima toujours que sa découverte la plus importante fut celle du "mystère" de la correspondance entre l'existence de six planètes et celle de cinq polyèdres réguliers (six sphères alternées avec les polyèdres, de telle façon que chaque sphère, mise en correspondance avec une planète, ait un polyèdre inscrit et un circonscrit, cf. figure p. 69) exposée dans son *Mysterium cosmographicum*. On sait aussi que Kepler fit l'hypothèse d'une attraction mutuelle entre les corps (tout en se trompant sur la forme de sa dépendance de la distance), et attribuait les marées à l'attraction de la Lune, tandis que Galilée refusait cette explication, qu'il renvoyait à l'astrologie, et voyait dans les marées la preuve du mouvement de la Terre.

Notons ici un trait illustrant la *passion* qui paraît convertir la recherche plutôt que le calcul : après sa découverte, au début de 1610, des "lunes" de Jupiter, effectuées grâce à ses observations à l'aide de la lunette, Galilée délaissera ses études sur le mouvement des projectiles et sur la chute des corps entreprises depuis vingt ans, et ne les reprendra que longtemps plus tard, préférant se consacrer à l'astronomie où il venait de découvrir de nouveaux phénomènes, qu'il décrivit dans un livre au titre évocateur de ces étonnements magnifiques : *Sidereus nuncius, Le message céleste.*

La troisième étape est consacrée à Christiaan Huygens, qui succède directement à Galilée aussi bien pour l'astronomie (il découvrit l'anneau de Saturne) que pour les travaux sur le pendule, les lois du mouvement, la fonction de la préoccupation pour la théorie et la pratique, le rapprochement entre les mathématiques et la physique. Sa grande préoccupation fut, toute sa vie, de parvenir à la mise au point d'un chronomètre marin parfait, et c'est dans cette perspective qu'il pensa de nombreux problèmes soit de mouvement des corps soit de mathématiques aboutissant à des résultats d'une grande nouveauté (pendules cycloïdes —courbes tautochrones— développements des courbes, forces centrifuges, pleine expression du principe de relativité pour la mécanique classique, etc., sans compter ses travaux de mathématiques qui préparent le calcul différentiel). De fait, il mena à leur terme les idées de Galilée sur l'isochronisme, en construisant une horloge à pendule en conformité avec les lois du mouvement et de la pesanteur (son ouvrage s'intitule *Horologium oscillatorum, siva de matu pendularom ad horologia aptato demonstrationes geometrica* ou *Preuves géométriques relatives au mouvement des pendules adapté aux horloges*).

Entre ces grands noms, d'autres figures ne sont pas oubliées, qui eurent en fait un rôle irremplaçable à leur époque, tel le Père Marin Mersenne, religieux de l'ordre des Minimes, correspondant privilégié de tous les savants importants de son temps (la première moitié du XVIIe siècle), agent incomparable de communication de l'un à l'autre, et dont l'activité requérait, comme S.G. Gindikin le souligne, le don peu commun de comprendre rapidement les nouvelles connaissances et de savoir bien poser les questions.

La quatrième étape, quatrième récit, porte sur Blaise Pascal, prodige mathématique et "l'une des personnalités les plus étonnantes de l'histoire de l'humanité". Pascal, inventeur de la première machine à calculer, qu'il conçut pour soulager son père, Étienne Pascal, dans ses calculs d'intendant de la province d'Auvergne, auteur d'expériences sur la pression atmosphérique, mettant en évidence l'existence du vide physique contre le dogme aristotélicien de "la nature a horreur du vide". Auteur encore d'expériences sur l'équilibre des fluides, dont les travaux fondent, avec ceux de Galilée et de Stimon Stevin, l'hydrostatique (loi de Pascal, concept de presse hydraulique, développement du principe des vitesses virtuelles). On connaît ses travaux de jeunesse, par lesquels il retrouve, sans les avoir connues, toutes les propriétés des coniques. Il publia, en 1654, le *Traité du triangle arithmétique* (connu comme triangle de Pascal, soit, en notation moderne :

$$C_k^n = C_k^{n-1} + C_{k-1}^{n-1},$$

où le symbole C_k^n désigne le nombre de combinaisons de k objets pris parmi n : il obtint sa formule par induction mathématique, opération, de raisonnement formulée ainsi pour la première fois sous sa forme moderne). Ses études sur la cycloïde (surface de la figure curviligne terminée par un arc, volume du solide de révolution correspondant, etc.), lui firent pratiquement anticiper, en 1658, le calcul différentiel : Leibniz aura connaissance, grâce à Huygens de ces travaux. S.G. Gindikin nous brosse un portrait de Pascal qui fait toute sa place à ses autres préoccupations religieuses et mystiques.

Le cinquième et dernier conte, dernière étape de ce parcours à travers la créativité scientifique, a pour héros Karl Friedrich Gauss, le "prince des mathématiciens", qui vécut de 1777 à 1854. Éloigné des bibliothèques, ignorant presque tout de la littérature mathématique, il retrouve dans son jeune âge toute l'arithmétique de ses prédécesseurs, Fermat, Euler, Lagrange, Legendre. Gauss fut un des génies les plus prodigieux de l'histoire des mathématiques mais aussi de l'astronomie (et donc de la physique mathématique).

S.G. Gindikin nous livre de nombreux éléments de son extraordinaire inventivité, qui aboutit souvent à des résultats non publiés, en attente de l'ouvrage complet qu'il se proposait, mais dont de nouveaux centres d'intérêt le détournaient. Sa capacité de calcul défiait les meilleurs astronomes de son temps : c'est ainsi qu'il put calculer la trajectoire d'un petit corps céleste perdu puis, grâce à lui, retrouvé, l'astéroïde Cérès. Dans son ouvrage *Theoria motus corporum cœlestium (Théorie du mouvement des corps célestes, en mouvement autour du Soleil suivant des sections coniques)*, publié en 1809, Gauss développe la méthode des moindres carrés, utilisée depuis pour le traitement des données d'observation (S.G. Gindikin nous indique qu'il la connaissait en fait depuis 1794, et qu'elle fut publiée par ailleurs indépendamment par Legendre deux ans avant la parution de son propre ouvrage).

C'est en 1828 que Gauss fit paraître son mémoire fondamental sur la géométrie ; *Disquisitiones generales circa superficies curvas*, qui porte sur la géométrie intrinsèque ou interne des surfaces en étudiant leur structure indépendamment de leur position dans l'espace. Il y introduit la notion de géodésique (ligne tendue épousant la forme de la surface), d'angles entre des géodésiques, de triangles et de polygones géodésiques (si la surface est déformée, la distance entre deux points est préservée, une géodésique reste une géodésique, etc.) établit le lien entre la courbure et la somme des angles d'un triangle géodésique, et mentionne même la possibilité d'une surface de révolution à courbure constante négative (appelée plus tard pseudo-sphère, et dont Beltrami montrera que sa géométrie intrinsèque est celle d'une géométrie non-euclidienne de Lobachevski).

La lecteur apprendra aussi quelle fut la nature des recherches de Gauss relatives à la géométrie (impossibilité de démontrer le cinquième postulat d'Euclide), comment il pensa d'abord qu'il faudrait obtenir cette démonstration et, comme n'y parvenant pas, il commença à douter de la validité de la géométrie, c'est-à-dire, en fait à considérer que la géométrie euclidienne n'était qu'approximative (comparable, quant à la certitude, non à l'arithmétique, mais à la mécanique), puis que d'autres géométries étaient possibles. "Je suis de plus en plus convaincu que l'on ne peut pas prouver la nécessité de notre géométrie, du moins pas *par* l'intelligence humaine ni *pour* l'intelligence humaine. Peut-être parviendrons-nous dans une autre existence à une autre appréhension de l'essence de l'espace, qui nous est présentement hors d'atteinte. En attendant, on devra ranger la géométrie non pas avec l'arithmétique, qui est *a priori*, mais avec la mécanique qui est approximative". Gauss se refusait à rendre publiques de telles déclarations, par peur de semer la confusion dans les esprits et d'encourager les dilettantes, ou d'affronter "les béotiens". Peu à peu, il se persuada de rédiger ses recherches, mais sans les publier, car elles n'atteindraient pas facilement la perfection. Cependant, comme on le sait, il reçut en 1832 le mémoire de János Bolyai, *Appendix Scientiam spatii absolute*, publié en appendice à l'ouvrage de son père Farkas, et y trouva les idées qu'il avait lui-même mûries de son côté. En 1841, il eut connaissance de l'édition en allemand des travaux de Lobachevski remontant à 1829. Ce fut l'un des drames de Gauss, comme d'ailleurs celui du fils Bolyai, que la réponse de Gauss vexa et qui renonça à poursuivre ses recherches de mathématiques. Malgré tant de travaux non publiés de son vivant ou inachevés, l'œuvre de Gauss apparaît encore comme l'une des plus gigantesques de tous les temps.

Au terme de la lecture, on en vient à penser que les questions qui ont trait aux sciences n'ont rien à envier à celles qui pimentent la vie ordinaire et que l'on aime à qualifier "d'aventures". Elles nous laissent tout autant haletants, impliqués dans ces destinées, certes, mais aussi captivés par les problèmes eux-mêmes, objets de ces péripéties. Ce sont, en vérité, des histoires de passions —passions d'idées— , souvent tragiques, en tout cas éclairantes sur les dimensions et la complexité de l'humaine condition, qui comprend la faculté de créer des formes de pensée et des représentations du monde. Et qui nous interrogent, ce faisant, sur nos propres pensées et nos représentations, animées par celles dont nous venons de lire l'histoire sur lesquelles tu songeras peut-être, lecteur, à te hisser, pour tenter de voir encore plus loin mais "comme des nains juchés sur des épaules de géants", pour reprendre le mot de l'un de ces géants lui-même, Isaac Newton.

Michel Paty
Directeur de recherche au CNRS.

Introduction

Ce livre s'inspire d'articles publiés par la revue *Quant* *(quantum, en russe)*, ce qui explique le caractère inattendu du choix des personnes et des événements évoqués dans ces récits. Il nous semble cependant que ce livre présente des chapitres essentiels de l'histoire de la science et mérite l'attention des amateurs de mathématiques et de physique.

La période étudiée s'étend sur quatre siècles et commence au XVIe siècle, époque très importante qui voit la renaissance de la mathématique européenne, 1000 ans après le déclin de la mathématique antique. Notre récit débute au moment où les mathématiciens européens découvrent, après trois siècles d'apprentissage, la formule permettant de résoudre les équations du troisième degré, que ni les mathématiciens de la Grèce Ancienne ni ceux de l'Orient n'avaient su trouver. La série de récits suivante expose les événements de la fin du XVIe siècle et du début du XVIIe siècle : Galilée étudie la chute des corps et pose les bases du développement de la nouvelle mécanique et de l'analyse des infiniment petits. L'élaboration parallèle de ces deux théories est l'un des faits les plus remarquables du XVIIe siècle (de Galilée à Newton et Leibniz). Nous parlerons également des extraordinaires découvertes de Galilée en astronomie (qui lui firent abandonner la mécanique) ainsi que de sa lutte acharnée pour faire admettre les idées coperniciennes. Le personnage suivant, Huygens, est le continuateur direct de Galilée. Nous évoquerons les travaux qu'il effectua pendant quarante ans pour fabriquer et perfectionner les horloges à balancier. Ces recherches stimulèrent ses travaux dans le domaine de la physique et de la mathématique.

Le XVIIᵉ siècle est également représenté par Pascal, l'un des plus étonnants personnages de l'histoire de l'humanité. Il débuta comme géomètre et ses premiers travaux montrèrent que la mathématique européenne pouvait désormais rivaliser avec la mathématique grecque, d'excellence dans son domaine, la géométrie. Cent ans ont passé depuis les premiers succès des mathématiques européennes dans le domaine de l'algèbre.

Vers la fin du XVIIIᵉ siècle, la mathématique n'offre plus de problèmes de fond sur lesquels auraient pu se pencher les savants. L'analyse mathématique est, à peu de choses près, construite et, à cette époque, ni l'algèbre ni la géométrie ne proposent de problèmes sérieux. La mécanique céleste "sauve" la situation. L'élaboration de la théorie du mouvement des corps célestes, fondée sur la loi de l'attraction universelle, exige de grands efforts de la part des mathématiciens les plus célèbres —à commencer par Newton. Pendant longtemps, les grands mathématiciens, dans leur majorité, mirent un point d'honneur à prouver leurs capacités dans le domaine de la mécanique céleste. Gauss, auquel nous consacrons la dernière partie de ce livre, ne fait pas exception. Cependant, il ne s'y intéressa que tardivement. Son début de carrière fut étonnant. En effet, il parvint à résoudre un problème vieux de deux mille ans : il prouva qu'il était possible de construire un polygone régulier de 17 côtés avec un compas et une règle (les anciens ne savaient construire des polygones réguliers de n côtés que pour n égal à :

$$2^k, 3{,}2^k, 5{,}2^k, 15{,}2^k \ (k \text{ entier}),$$

et cherchaient en vain une construction pour les autres valeurs de n, et pour cause !). Techniquement, cette découverte de Gauss s'inspirait d'observations arithmétiques.

Les travaux de Gauss firent la synthèse d'efforts d'un siècle et demi et parvinrent à faire de l'arithmétique une science à partir de résultats épars. Cela commença avec les travaux de Fermat et continua avec ceux d'Euler, Lagrange, Legendre. Il est tout à fait étonnant que Gauss, qui dans sa jeunesse n'avait pas accès aux publications mathématiques, soit arrivé à reproduire la plupart des résultats obtenus par ses prédécesseurs.

Il est très instructif d'observer l'histoire de la science sur des exemples ponctuels. Les innombrables liens qui montrent l'unité de la science dans l'espace et le temps deviennent évidents. Le matériel étudié dans ce livre révèle des liens de caractère différent comme la filiation directe reliant Huygens à Galilée, les idées de Tartaglia sur la trajectoire d'un projectile dont Galilée donnera la formulation exacte, les propositions de Cardan sur l'utilisation du pouls pour mesurer le temps, dont se servira également Galilée, les problèmes de cycloïdes de Pascal qui furent utiles à Huygens à propos du pendule isochrone, la théorie du mouvement des satellites de Jupiter, découverte par Galilée et à laquelle plusieurs générations de savants tentèrent d'apporter leur contribution.

Remarquons que l'histoire de la science se répète souvent, avec des variantes. L'historien français Tocqueville a dit : "L'histoire est une galerie de tableaux où il y a peu d'originaux mais de nombreuses copies". Regardons comment, avec le temps, évolue le jugement d'un savant. Cardan était persuadé que ses plus grands mérites se trouvaient en médecine et non en mathématiques. De même Kepler pensait que sa "découverte" d'un lien mythique entre les orbites des planètes et les polyèdres réguliers était l'une de ses plus grandes réussites. Galilée plaçait au-dessus de tous ses autres travaux son affirmation (inexacte) selon laquelle les marées prouvent le mouvement réel de la terre (il sacrifia en grande partie sa prospérité à sa publication). Pour Huygens, son plus grand succès était l'utilisation du pendule cycloïdal dans les horloges (pendule qui, en pratique, s'est avéré inutile). De façon générale, Huygens se considérait comme malchanceux, car il n'a jamais réussi à résoudre son grand problème : réaliser un chronomètre de marine (ce que l'on considère aujourd'hui comme ses plus grandes découvertes n'avaient pour but que ce problème). *"Errare humanum est"*.

Pourtant, il arrive qu'un savant ait à prendre une décision cruciale : celle d'arrêter certaines recherches pour se consacrer à d'autres. Ainsi, Galilée ne publie pas les résultats de ses vingt années de recherche en mécanique. Il les délaisse pendant un an pour se livrer à des observations astronomiques, mais en réalité il abandonnera pendant vingt ans la recherche scientifique au sens propre du terme pour travailler à la popularisation du système héliocentrique. Un siècle et demi plus tard, c'est également à cause de l'astronomie que Gauss ne publiera pas ses recherches sur les fonctions elliptiques. Il est probable que ni l'un ni l'autre ne pensait que la coupure serait aussi longue —ni ne craignait qu'on leur coupât l'herbe sous le pied. Finalement, Galilée publia tout de même ses travaux dans le domaine de la mécanique (trente ans plus tard !) quand le jugement du tribunal de l'Inquisition l'empêcha de faire autre chose. (L'annonce par Cavalieri du caractère parabolique de la trajectoire d'un projectile, même si elle ne menaçait pas la priorité de Galilée, l'inquiéta). Gauss ne trouva pas le temps d'achever ses travaux. Ils furent redécouverts par Abel et Jacobi.

Ce livre s'adresse à tous ceux qui s'intéressent à la mathématique et à la physique et d'abord aux élèves, étudiants, professeurs. C'est pourquoi nous avons donné la priorité à l'exposé exact des réalisations des savants, (les travaux en mécanique de Galilée, les recherches mathématiques et mécaniques de Huygens sur les horloges à pendule et les deux premiers travaux mathématiques de Gauss). Malheureusement, cela n'est pas toujours possible même pour des travaux anciens. Il n'est pas de plus grand plaisir que celui de suivre la pensée d'un génie, eut-il vécu il y a fort longtemps, non pas seulement parce que cela est impossible dans le cas de travaux contemporains, mais savoir ressentir le caractère révolutionnaire d'une ancienne invention est un élément essentiel de la culture. Il est dangereux de mépriser les savants des époques anciennes. Lorsque nous parlons aux enfants des grandes découvertes, nous ne leur apprenons que trop rarement à s'en étonner.

Nous voulons souligner que les récits rapportés par ce livre n'ont pas la rigueur requise en histoire des sciences. En effet, nous avons librement modernisé les raisonnements des savants. Ainsi, nous utilisons la symbolique algébrique dans les démonstrations de Cardan, nous introduisons l'accélération de la chute libre dans les calculs de Galilée et de Huygens.

Ars Magna

Le titre du livre de Jérôme Cardan publié en 1545 commence par ces mots : "Ars Magna…" Il est essentiellement consacré à la résolution des équations du 3ème et du 4ème degré mais sa signification pour l'histoire des mathématiques est bien plus grande. Au XXe siècle, Félix Klein dit, en parlant de ce livre : "Cette œuvre de très grande valeur est l'embryon de l'algèbre moderne et va bien au-delà de la mathématique antique".

Le XVIe siècle voit la renaissance de la mathématique européenne après la léthargie du Moyen Âge. Pendant 1000 ans, les travaux des grands géomètres grecs ont été oubliés et en partie perdus à jamais. Grâce aux textes arabes, les Européens apprennent à connaître la mathématique orientale ainsi que la mathématique antique. Les marchands jouèrent un grand rôle dans la diffusion de la mathématique en Europe, les voyages étant pour eux le moyen d'obtenir et de répandre des informations. Le personnage de Léonard de Pise (1180-1240) plus connu sous le nom de Fibonacci (fils de Bonacci) a un relief tout particulier. Son nom est resté attaché à une remarquable suite (dite suite de Fibonacci).

Le niveau de la science peut baisser parfois très rapidement et pour retrouver le niveau antérieur, il faut parfois des millénaires. Pendant trois siècles, les mathématiciens européens restèrent des disciples de l'Antiquité quoique Fibonacci ait fait des observations intéressantes. Ce n'est qu'au XVIe siècle que l'on obtient en Europe des résultats mathématiques d'une portée immense et inconnus jusque-là : on parvient à résoudre les équations du 3ème et du 4ème degré.

Il est intéressant de noter que les acquisitions de la mathématique européenne ont trait à l'algèbre, nouveau domaine de la mathématique venant de l'Orient, qui n'en est qu'à ses premiers pas. En géométrie, il faudra encore attendre cent ans avant que les mathématiciens d'Europe soient capables de réaliser quelque chose de comparable aux œuvres d'Euclide, d'Archimède et d'Appolonius, et même d'assimiler les résultats des grands géomètres.

Selon la légende, Pythagore aurait dit : "tout est nombre". Mais après lui la mathématique grecque se soumet peu à peu à la géométrie. Chez Euclide, on trouve des éléments d'algèbre sous une forme géométrique. En décomposant un carré de côté $(a + b)$ on obtenait la formule :

$$(a + b)^2 = a^2 + b^2 + 2ab.$$

Bien sûr, cette symbolique n'existait pas et l'expression en termes de surfaces restait imparfaite et lourde.

Les problèmes de construction à l'aide d'une règle et d'un compas amenèrent à résoudre les équations du 2ème degré et à étudier les expressions contenant des racines carrées (irrationalités quadratiques). Par exemple, Euclide étudie en détail les expressions du type

$$\sqrt{a + \sqrt{b}}.$$

Les géomètres grecs comprenaient, dans une certaine mesure, le lien entre les problèmes classiques de construction qui sont non résolubles (duplication d'un cube et trisection d'un angle) et les équations cubiques.

Chez les mathématiciens arabes, l'algèbre se détache peu à peu de la géométrie. Cependant, comme nous le verrons plus loin, on parvient à résoudre les équations cubiques par la géométrie. (L'écriture algébrique de la formule permettant de résoudre les équations du 2ème degré apparaît dès 1572 chez Bombelli). Les mathématiciens arabes utilisent les méthodes algébriques pour résoudre des problèmes arithmétiques tirés de la "vie de tous les jours", (le problème des héritages par exemple). Les règles sont formulées à partir d'un exemple concret mais avec un calcul permettant de résoudre tout autre problème semblable. Jusqu'à ces derniers temps, on formulait parfois ainsi les règles de résolution des problèmes arithmétiques (règle de 3, etc.). La formulation de règles sous une forme générale exige invariablement une symbolique développée dont on était encore loin. Les mathématiciens arabes se sont arrêtés à la résolution des équations quadratiques et de quelques équations cubiques.

La résolution des équations cubiques intéressait les mathématiciens arabes tout comme leurs disciples européens. Léonard de Pise obtint un résultat étonnant dans ce domaine. Il prouva que l'on ne pouvait pas exprimer les racines de l'équation $x^3 + 2x^2 + 10x = 20$ en utilisant les nombres irrationnels d'Euclide du type

$$\sqrt{a + \sqrt{b}}.$$

Cette preuve étonnante pour le début du XIIIe siècle annonce le cas général qui ne sera entièrement traité que beaucoup plus tard.

Les mathématiciens ne voyaient pas comment il était possible de résoudre toutes les équations cubiques. Le livre de Lucca Paccioli (1445-1514) *Summa de arithmetica geometria, proportioni et proportionalità* (1494) rassemble toutes les connaissances mathématiques du temps. C'est l'un des premiers ouvrages traitant de la mathématique qui soit écrit en italien et non en latin. À la fin de son livre, l'auteur conclut que l'algèbre n'a pas encore le moyen ni de résoudre les équations cubiques ni d'effectuer la quadrature du cercle. Cette comparaison est impressionnante et l'autorité de Paccioli est si grande que la majorité des mathématiciens (dont la plupart des savants que nous évoquerons) considérait qu'il était en général impossible de résoudre les équations cubiques.

Scipione del Ferro (1465-1526)

Il se trouva cependant un homme qui ne se laissa pas arrêter par l'autorité de Paccioli. S. del Ferro, professeur de mathématiques à Bologne, trouve une méthode pour résoudre les équations :

$$x^3 + ax = b .\tag{a}$$

À cette époque, on n'utilisait pas de nombres négatifs et l'équation :

$$x^3 = ax + b \tag{b}$$

était considérée comme entièrement différente. On ne dispose que de renseignements indirects sur cette résolution. Del Ferro en parla à son gendre et successeur de chaire, Hannibal della Nave, et à son élève Antonio Mario Fiori. Ce dernier, après la mort de son professeur, décida d'utiliser le secret qui lui avait été confié pour gagner les concours scientifiques (il y en avait fréquemment). Le 12 février 1535, il faillit vaincre Niccolò Tartaglia dont nous allons parler maintenant.

Niccolò Tartaglia

Tartaglia naquit en 1500 environ à Brescia dans la modeste famille du facteur Fontaine. Lors du sac de sa ville natale par les Français, il eut la mâchoire fendue. Il en résulta une difficulté de parole d'où son surnom Tartaglia (bègue). Très tôt, sa mère l'eut à sa charge et elle essaya de le mettre à l'école. Cependant, sa classe n'en était qu'à la lettre K quand l'argent vint à manquer et il quitta l'école sans même savoir écrire son nom. Il continua alors à étudier seul et devint "magister abaca" (à peu près l'équivalent d'un professeur de mathématiques dans un établissement privé). Il voyagea beaucoup en Italie jusqu'en 1534 où il s'établit à Venise. La fréquentation d'ingénieurs et d'artilleurs du célèbre arsenal vénitien stimule alors ses activités scientifiques. Par exemple, on lui demande un jour de combien il faut incliner un canon afin qu'il tire le plus loin possible. À l'étonnement de tous, il répond qu'il faut l'incliner à 45°. On ne le croit pas, mais "quelques expériences privées" prouvèrent qu'il avait raison. Tartaglia prétendra que son affirmation s'appuyait sur des arguments mathématiques, mais c'est plus vraisemblablement le résultat d'une observation empirique (le résultat sera prouvé par Galilée).

Tartaglia publia deux livres *Nova Scientia* (1537) et *Quesiti et inventioni diverse* (1546) dans lequel il promet au lecteur "… de nouvelles inventions non pas volées à Platon, Plotin ou tout autre grec ou latin mais obtenues grâce à l'art, la mesure et la raison". Ces ouvrages sont écrits en italien et se présentent sous la forme d'un dialogue (procédé qui sera ensuite repris par Galilée). Pour de nombreuses questions, c'est le précurseur de Galilée ; quoiqu'il reprenne dans son premier livre l'affirmation d'Aristote selon laquelle "un projectile lancé obliquement sur un plan incliné se déplace d'abord le long d'un segment de droite, puis sur un axe de circonférence et finalement tombe suivant la ligne de plus grande pente", il écrit dans le second "qu'aucune section de la trajectoire n'est parfaitement droite". Tartaglia s'intéresse à l'équilibre des corps sur un plan incliné, à la chute libre des corps (son élève Benedetti démontre que la trajectoire d'un corps en chute libre ne dépend pas de son poids). Ses traductions d'Archimède et d'Euclide en Italien (qu'il appelait "langue populaire" à la différence du Latin) et ses commentaires détaillés jouèrent un grand rôle. Du point de vue humain, il n'est pas irréprochable et il a un caractère difficile. Bombelli, qui, il faut le reconnaître, était loin d'être impartial, écrit : "Cet homme a tendance, de par sa nature, à mal parler et même lorsqu'il dénigre quelqu'un il pense émettre un jugement flatteur". Selon un autre témoignage (celui de P. Nunes) : "Il était parfois tellement excité qu'on l'aurait dit fou".

Niccolò Tartaglia (1500 (?)-1557), seul portrait connu.

    Revenons-en à notre joute. Tartaglia était un concurrent expérimenté et espérait vaincre Fiori facilement. Il ne s'inquiéta pas en voyant que les 30 problèmes proposés par Fiori comportaient des équations (a) avec des valeurs différentes pour a et b. Tartaglia, persuadé que son adversaire ne savait pas les résoudre, espérait dévoiler le mystère. "Je pensais qu'aucune d'entre elles ne pouvait être résolue car Luca (Paccioli) affirmait dans son ouvrage qu'il était impossible de trouver une formule générale s'appliquant aux équations de ce type". Alors que le délai de 50 jours, au-delà duquel il fallait remettre les solutions à un notaire, était presque écoulé, Tartaglia entendit dire que Fiori avait une méthode secrète. La perspective d'offrir à Fiori et ses amis des repas en nombre égal à celui des problèmes résolus par le vainqueur (telles étaient les règles) ne plaisait guère à Tartaglia. Il déploya d'immenses efforts et huit jours avant la date fixée (12 février 1535) découvrit la méthode. Deux heures plus tard, les problèmes étaient résolus. Son adversaire, lui, n'en avait résolu aucun. Bizarrement, il ne trouva pas la solution d'un problème que la formule de Del Ferro permettait de résoudre. Nous verrons d'ailleurs que cette méthode était d'un usage délicat. Un jour plus tard, Tartaglia trouvait le moyen de résoudre les équations (b).

Beaucoup de gens étaient au courant du duel entre Tartaglia et Fiori. Ainsi l'arme secrète pouvait être un inconvénient aussi bien qu'un atout. En effet, qui accepterait à l'avenir de concourir contre lui ? Tartaglia refusa plusieurs fois de dévoiler son secret. Jérôme Cardan, dont nous allons parler maintenant, obtint qu'il le lui confiât.

Jérôme Cardan

Il naquit le 24 septembre 1501 à Pavie. Son père, Facio Cardan, éminent juriste, était lui-même un mathématicien distingué. Il fut le premier instituteur de son fils. Après avoir terminé ses études à l'université de Padoue, Cardan décide de se consacrer à la médecine. Cependant, comme c'est un enfant illégitime, on lui ferme l'entrée du collège des médecins de Milan. Il pratique longtemps en province jusqu'au moment où, en 1539, malgré les règles, il est admis au collège des médecins. Il fut l'un des plus grands médecins de son temps, le second sans doute après son ami André Vesale. Au déclin de sa vie, il termine son autobiographie *De propria vita* dans laquelle il ne fait que quelques rares mentions de ses travaux mathématiques mais, par contre, expose avec force détails ses recherches en médecine. Il affirme avoir décrit les moyens de guérir 5 000 malades difficilement curables, trouvé la réponse à quelques 45 000 problèmes et questions et donné plus de 200 000 diagnostics. Il convient bien sûr, de considérer ces chiffres avec réserve. Néanmoins la gloire de Cardan médecin est indéniable. Il parle des cas rencontrés dans l'exercice de son métier en insistant sur ses patients célèbres (l'archevêque écossais Hamilton, le cardinal Maroni, etc.) et affirme n'avoir connu que trois échecs. Il avait apparemment un bon diagnostic mais il attachait peu d'attention aux signes anatomiques au contraire de Léonard de Vinci et d'André Vesale. Dans son autobiographie, il se compare à Hippocrate, Galien et Avicenne (les idées de ce dernier lui étaient très proches).

Jérôme Cardan (1501-1576), Médecin, mathématicien, et astrologue italien.

Cependant, les activités de Cardan ne se limitent pas à la médecine. Il touche un peu à tout. Par exemple, il fit les horoscopes de nombreuses personnes (celui du Christ, du roi Édouard VI d'Angleterre, de Petrarque, Dürer, Vesale, Luther…). Cela ternit son image aux yeux de ses successeurs. (Des esprits malveillants prétendirent même qu'il se suicida pour ne pas donner tort à son horoscope). Toutefois, il faut se souvenir qu'à cette époque il était tout à fait respectable de faire de l'astrologie (l'astronomie était considérée comme une partie de l'astrologie, astrologie naturelle à la différence de l'astrologie prédictive). Le pape lui-même faisait appel aux services de Cardan en tant qu'astrologue. Cardan était un encyclopédiste mais un encyclopédiste "solitaire", fait caractéristique de la Renaissance. Ce n'est qu'un siècle et demi plus tard qu'apparaîtront les premières académies rassemblant des savants spécialisés dans des domaines plus ou moins larges. On ne peut élaborer de réelles encyclopédies hors de ces assemblées. En effet, un encyclopédiste "solitaire" ne peut vérifier en détail tous les renseignements qui lui sont transmis.

Dans le cas de Cardan, sa personnalité et sa tournure d'esprit furent très importants. En effet, il croyait aux miracles, aux démons, aux prémonitions et il se croyait doué de capacités surnaturelles. Il en donne d'ailleurs des exemples (lors d'un conflit en sa présence le sang n'était jamais versé, que cela soit celui de personnes, d'animaux ou même à la chasse, jusqu'à la mort de son fils il savait à l'avance tout ce qui allait lui arriver…). Il était convaincu d'avoir un don qui lui permettait de déceler l'organe atteint chez un malade, les dés qui allaient tomber ou de voir l'ombre de la mort sur le visage de son interlocuteur. Les rêves jouèrent un grand rôle dans sa vie. Il s'en souvenait dans les moindres détails et les décrivait. Des psychiatres contemporains ont tenté de déterminer sa maladie d'après ses rêves. Cardan disait que ces rêves répétés et la volonté d'immortaliser son nom étaient les deux raisons principales de ses livres. Dans ses œuvres encyclopédiques *De subtilitate rerum*

(*De la subtilité*) et *De rerum varietate* (*De la variété des choses*), il fait une large place aux rêves de son père et aux siens.

Néanmoins, ces livres contiennent de nombreuses observations personnelles et avis mûrement réfléchis d'autres personnes. Que Cardan ait été crédule et prêt à examiner les théories les plus fantastiques n'est pas entièrement négatif. En effet, ce trait de caractère le poussa à étudier certaines choses dont ses collègues plus prudents ne parleront que de nombreuses années plus tard (voir plus loin les nombres complexes). Il n'est pas toujours possible de suivre la paternité d'un livre. On se demande jusqu'à quel point Cardan (tout comme les autres auteurs italiens du XVIe siècle) connaissait les travaux de Léonard de Vinci (qui n'ont été connus du grand public qu'à la fin du XVIIIe siècle). Son livre *De subtilitate rerum* traduit en français fut un ouvrage très populaire au XVIIe siècle dans le domaine de la statique et de l'hydrostatique ; Galilée utilisa les indications de Cardan sur l'utilisation du pouls pour mesurer le temps (en particulier lorsqu'il observa le balancement du lustre de la cathédrale de Pise). Cardan affirmait que le mouvement perpétuel est irréalisable et on peut interpréter certaines de ses remarques comme proches des principes thermodynamiques actuels (c'est l'avis du célèbre historien et physicien Duhem). Il étudia l'expansion de la vapeur d'eau. Cardan pensait que la théorie (du IIIe siècle av. J.C.) selon laquelle les marées s'expliquent par l'action de la lune et du soleil, était exacte. Il fut le premier à faire une différence nette entre l'attraction magnétique et électrique (phénomènes d'attraction d'un brin de paille par de l'ambre préalablement frictionné, observé par Falès).

Cardan fit également des recherches expérimentales et construisit des mécanismes. Vers la fin de sa vie il démontra, à l'aide d'une expérience, que le rapport de densité entre l'air et l'eau est de $\frac{1}{50}$. Quand en 1541, le roi Charles V d'Espagne entra triomphalement dans Milan vaincue, Cardan, alors recteur du collège des médecins, marchait à côté du carrosse. Pour remercier le monarque de cet honneur, il proposa d'équiper la voiture royale d'une suspension composée de deux arbres dont le mouvement de roulement éviterait qu'elle ne basculât (les routes de l'empire de Charles V étaient longues et mauvaises). De nos jours ce système de suspension s'appelle cardan (suspension à cardan, arbre à cardan, articulation à cardan) et est utilisé dans les automobiles. Cependant, pour être exact, il faut noter que ce système remonte à l'antiquité et que l'on trouve chez Léonard de Vinci, dans son "Codex Atlanticus", le dessin d'un compas de navire à suspension à cardan. Ces compas se répandirent pendant la première moitié du XVIe siècle sans que Cardan y soit pour quelque chose.

Cardan écrivit de nombreux livres ; une partie seulement fut publiée. Les autres restèrent à l'état de manuscrits ou furent brûlés à Rome avant son arrestation. La seule description de ses œuvres constitue un ouvrage volumineux (*De mes œuvres*). Ses publications sur la philosophie et l'éthique furent longtemps populaires. Son livre *De consolatione* fut traduit en anglais et influença Shakespeare. Certains spécialistes de cet auteur affirment même qu'Hamlet déclame son célèbre monologue "être ou ne pas être…" en tenant ce livre à la main.

Il y a beaucoup à dire sur la personnalité de Cardan. C'était un homme passionné, irritable, qui jouait beaucoup aux jeux de hasard. Il joua aux échecs pendant quarante ans ("Je n'ai jamais su dire en quelques mots tout le tort qu'ils me causèrent et ce sans dédommagement aucun") et aux dés pendant vingt-cinq ans ("Les dés me nuirent encore plus que les échecs"). Il lui arrivait parfois de tout abandonner pour le jeu et de se retrouver ensuite dans une situation financière délicate. En 1526, il écrira d'ailleurs un livre sur le jeu de dés (qui ne sera publié qu'en 1663). On y trouve le début de la théorie des probabilités, y compris la formulation préliminaire de la loi des grands nombres, quelques questions de calcul combinatoire ainsi qu'une étude sur la psychologie des joueurs.

Quelques mots sur le caractère de Cardan. Comme il l'écrit lui-même "mon principal défaut est de n'avoir de plus grand plaisir que celui de dire des choses que je sais être désagréable à mes auditeurs. Et je persiste consciemment et obstinément... Ma tendance à toujours raconter ce que je sais, que ce soit à propos ou non, m'a fait faire de nombreuses erreurs... dues à mon imprudence et à ma méconnaissance des choses... ainsi qu'à mon mépris des convenances que l'on observe chez les gens bien élevés et que je n'ai acquises que plus tard." Il savait être tout autre avec ses amis et ses élèves. Bombelli disait que Cardan "ressemblait plus à un Dieu qu'à un homme".

Cardan et Tartaglia

Vers 1539, Cardan achève sa *Practica arithmetica* qui peu à peu remplacera le livre de Luca Pacioli. Désireux d'y introduire la formule de Tartaglia permettant de résoudre l'équation (a),

$$x^3 + ax = b, \quad\text{(a)}$$

ainsi que

$$x^3 = ax + b \quad\text{(b)}$$

il charge le libraire J. Antonio de rencontrer le savant et de le convaincre de lui révéler son secret. Le 2 janvier 1539, Antonio demande à Tartaglia "au nom d'un homme d'honneur, médecin de la ville de Milan appelé J. Cardan" de lui transmettre cette formule. Tartaglia refuse et ajoute que s'il désire un jour publier sa découverte, il le fera dans un de ses propres ouvrages. Il n'accepte pas non plus de lui remettre la solution des trente problèmes de Fior ni de résoudre sept problèmes que lui avait posé Cardan...

Le 12 février, Cardan lui envoie ses remarques critiques à propos de son livre *Nova scienta* et réitère sa requête. Tartaglia reste inflexible et n'accepte de résoudre que deux problèmes de Cardan. Le 13 mars, ce dernier l'invite chez lui, exprime son intérêt pour ses travaux dans le domaine de l'artillerie et parle de le présenter au marquis Del Vasto, gouverneur espagnol de Lombardie. Devant ces promesses, Tartaglia cède et, le 25 mars, dévoile sa formule à Cardan sous la forme d'un vers latin.

Cardan fait serment de ne jamais la publier et même de la coder de manière à ce qu'après sa mort personne ne puisse la déchiffrer. En effet, Tartaglia craignait que sa découverte ne soit publiée sous le nom d'un autre. Il finit donc par se laisser convaincre. Toutefois, la véritable raison de ce revirement n'est pas claire. Se laissa-t-il persuader par les promesses de Cardan ? Tartaglia repart immédiatement après avoir refusé l'entrevue avec le marquis alors qu'il avait accepté l'invitation de Cardan pour pouvoir le rencontrer. Que s'est-il passé au juste ? C'est un mystère. Les notes que Tartaglia nous a laissé de cet entretien sont vraisemblablement inexactes. Toujours est-il qu'il sera soulagé de voir que sa formule ne figure pas dans l'exemplaire de *Practica arithmetica* que lui envoie Cardan le 12 mai.

Cardan obtint ainsi une méthode pour résoudre les équations (a). Il dépensa beaucoup d'efforts pour la vérifier et l'argumenter. Cela semble aujourd'hui très simple mais il ne faut pas oublier que l'absence d'un symbolisme algébrique développé rendait la tâche ardue.

Pendant des années, il travaillera d'arrache-pied à comprendre la résolution des équations cubiques. Il trouve une "recette" (on ne savait pas alors écrire les formules) pour résoudre les équations (a) et (b) ainsi que l'équation :

$$x^3 + b = ax \qquad (c)$$

et les équations contenant x^2. Il devança rapidement Tartaglia. Parallèlement sa situation matérielle s'arrange et en 1543, il est nommé professeur à Pavie. Là il écrit que ses connaissances en astrologie l'avaient amené à penser qu'il mourrait entre 40 et 45 ans mais que cette année, 1543, qui aurait dû être la dernière de sa vie en marquait au contraire le début.

Luiggi Ferrari (1522-1565)

Depuis quelques temps, Cardan est secondé par L. Ferrari, l'un de ses plus célèbres disciples. Cardan qui croyait aux signes racontait que le 14 novembre 1536, jour de l'arrivée de Ludovico et de son frère à Bologne, la pie de la cour avait jacassé plus qu'à l'ordinaire, ce qui annonçait un événement inhabituel. Ferrari avait d'énormes capacités. Il avait le caractère très emporté et Cardan lui même craignait parfois de discuter avec lui. Ne s'était-il pas, à l'âge de 17 ans, fait rogner tous les doigts de la main dans une mauvaise querelle ? Entièrement dévoué à son maître, il resta longtemps son secrétaire et confident. L'apport de Ferrari dans les travaux de Cardan est indéniable.

En 1543, Cardan et Ferrari se rendent à Bologne où Della Nave les autorise à prendre connaissance des papiers du défunt Dal Ferro. Ils s'aperçoivent alors que celui-ci connaissait la formule de Tartaglia. Personne, semble-t-il, n'était au courant de ce fait. Cardan aurait-il harcelé de la même manière Tartaglia s'il avait su pouvoir obtenir cette même formule auprès de Della Nave ? (il ne s'adressa à lui qu'en 1543). Aujourd'hui, tout le monde est d'accord pour dire que Dal Ferro avait cette formule, que Fior la connaissait et qu'elle fut redécouverte par Tartaglia (qui savait que Fior l'avait !). En fait, il est difficile de rétablir la vérité.

Ars Magna

En 1545, Cardan publia *Ars magna* où sont rassemblées ses connaissances sur les équations cubiques. Dans l'introduction de cet ouvrage, il fait un court historique de la formule…

Voici, en langage moderne, la méthode utilisée par Cardan pour résoudre l'équation (a). Nous cherchons x sous la forme :

$$x = \beta - \alpha.$$

Alors

$$x + \alpha = \beta$$

et

$$x^3 + 3x^2\alpha + 3x\alpha^2 + \alpha^3 = \beta^3. \qquad (d)$$

Étant donné que $3x^2\alpha + 3x\alpha^2 = 3x\alpha(x + \alpha) = 3x\alpha\beta$, l'égalité (d) peut s'écrire :

$$x^3 + 3\alpha\beta x = \beta^3 - \alpha^3. \qquad (e)$$

Essayons à partir de la paire (α, β) de choisir la paire (a, b) de manière à ce que l'équation (e) corresponde à l'équation (a). Pour cela, il est indispensable que la paire (α, β) soit la solution du système :

$$3\alpha\beta = \frac{a^3}{27} \qquad \beta^3 - \alpha^3 = b$$

ou du système équivalent :

$$\beta^3(-\alpha^3) = -\frac{a^3}{27} \qquad \beta^3 + (-\alpha^3) = b.$$

Selon le théorème de Viète β^3 et $-\alpha^3$ seront les racines de l'équation du second degré auxiliaire

$$y^2 - by - \frac{a^3}{27} = 0.$$

Comme on cherche les racines positives de l'équation (a),

$$\beta > \alpha.$$

Cela veut dire

$$\beta^3 = \frac{b}{2} + \sqrt{\frac{b^2}{4} + \frac{a^3}{27}}$$

$$-\alpha^3 = \frac{b}{2} + \sqrt{\frac{b^2}{4} + \frac{a^3}{27}}.$$

Par conséquent

$$x = \sqrt[3]{\frac{b}{2} + \sqrt{\frac{b^2}{4} + \frac{a^3}{27}}} - \sqrt[3]{-\frac{b}{2} + \sqrt{\frac{b^2}{4} + \frac{a^3}{27}}}.$$

Pour des valeurs positives de a et b, la racine x est également positive.

Ce calcul ne donne qu'une idée approximative du raisonnement de Cardan. Il utilisait un langage géométrique : si l'on découpe un cube de côté $b = a + x$ par les plans parallèles aux faces en un cube de côté a et un cube de côté x, on obtient, en plus de ces deux cubes, trois parallélépipèdes rectangles de côté a, a, x et trois de côtés a, x, x. La relation entre les volumes donne l'équation (d) ; pour passer à l'équation (e) il faut assembler les parallélépipèdes de différents types par paires.

L'équation (b) peut être résolue si l'on utilise la substitution

$$x = b + a,$$

cependant il peut arriver que l'équation initiale ait trois racines réelles et que l'équation auxiliaire du second degré n'en ait pas. C'est ce qu'on appelle le cas d'irréductibilité. Il posait de nombreux problèmes à Cardan (et sans doute à Tartaglia).

Cardan parvint à résoudre l'équation (c) en suivant un raisonnement très avancé pour l'époque. En effet, il fut le premier à utiliser délibérément des nombres négatifs. Toutefois, il était loin de jongler avec : il considérait les équations (a) et (b) à part !

Il trouva aussi comment résoudre l'équation du 3ème degré générale
$$x^3 + ax^2 + bx + c = 0,$$
ayant remarqué que la substitution
$$x = y - \frac{a}{3}$$
supprime le membre en x^2 (et Tartaglia, là, n'y est pour rien).

Il ne se contente pas d'étudier les nombres négatifs, qu'il appelle nombres "imaginaires" mais s'interroge aussi sur les nombres complexes. Il note que si on les manie selon certains principes naturels on peut alors attribuer des racines complexes à l'équation du second degré qui n'a pas de racine réelle. Peut-être est-ce l'irréductibilité qui amena Cardan aux nombres complexes. Si l'on ne "craint" pas alors de faire les opérations qui s'imposent au cours du calcul sur les nombres complexes on obtient les valeurs exactes des racines réelles. Cependant rien n'indique que Cardan dans ces études ait dépassé le stade des équations du second degré. Ce raisonnement sur les équations du 3ème degré apparut bientôt chez R. Bombelli (1526-1573), successeur de Cardan et auteur de la célèbre "Algèbre" (1572).

Cardan comprenait que l'équation du troisième degré

$$x^3 + ax^2 + bx + c = 0$$

pouvait avoir trois racines réelles et que leur somme était alors égale à $-a$ (en algèbre, à la différence de la géométrie, on faisait rarement des démonstrations). Il observe également que si dans une équation (à coefficients positifs) tous les membres de la partie gauche ont une puissance plus élevée que ceux de la partie droite il n'existe qu'une seule racine positive. De nombreux concepts importants pour l'algèbre (par exemple l'ordre de multiplicité d'une racine) découlent de son *Ars magna*. Cet ouvrage est une étape importante dans le développement de cette discipline.

Remarque sur la formule de Cardan

Analysons la formule permettant de résoudre l'équation dans le domaine réel. Ainsi

$$x = \sqrt[3]{-\frac{q}{2} + \sqrt{\frac{q^2}{4} + \frac{p^3}{27}}} + \sqrt[3]{-\frac{q}{2} + \sqrt{\frac{q^2}{4} + \frac{p^3}{27}}}$$

Pour calculer x, il nous faudra d'abord extraire la racine carrée puis la racine cubique. On peut extraire la racine carrée en restant dans le domaine réel si

$$\Delta = 27q^2 + 4p^3 > 0.$$

Deux valeurs de la racine carrée, se distinguant par le signe, figurent dans les différents nombres à additionner pour calculer x. Dans le domaine réel la racine cubique a une seule valeur et on obtient une seule racine réelle x pour

$$\Delta > 0.$$

En étudiant la représentation graphique du trinôme du $3^{\text{ème}}$ degré $x^3 + px + q$ on s'aperçoit facilement qu'il n'a en réalité qu'une seule racine réelle pour
$$\Delta > 0.$$
Pour
$$\Delta < 0,$$
il existe trois racines réelles.

Pour
$$\Delta = 0,$$
il y a une racine réelle double et une simple.

Et pour
$$p = q = 0,$$
une racine triple.

Continuons à étudier le cas où
$$\Delta > 0$$
(cas d'une seule racine réelle). Il apparaît alors que si l'équation avec des coefficients entiers à une racine entière, des nombres irrationnels intermédiaires peuvent apparaître lors du calcul de cette racine. Par exemple, l'équation
$$x^3 + 3x - 4 = 0$$
a une seule racine réelle $x = 1$. La formule de Cardan donne pour cette racine réelle unique l'expression :
$$x = \sqrt[3]{2 + \sqrt{5}} + \sqrt[3]{2 - \sqrt{5}}$$

Cela veut dire que :

$$\sqrt[3]{2+\sqrt{5}} + \sqrt[3]{2-\sqrt{5}} = 1 \,.$$

Tâchez donc de le démontrer directement ! En fait, toute démonstration suppose que l'on utilise le fait que cette expression est la racine de l'équation $x^3 + 3x - 4 = 0$. Sinon des radicaux cubiques irréductibles apparaîtront lors des transformations.

Cela explique peut-être pourquoi Fior ne réussit pas à résoudre l'équation cubique que lui avait posé Tartaglia. On pouvait sans doute la résoudre en ayant "deviné" la réponse mais la "recette" de Dal Ferro amenait à ces irrationalités intermédiaires.

La situation est encore plus complexe dans le cas de trois racines réelles. C'est ce qu'on appelle le cas d'irréductibilité. Là

$$\Delta = 27q^2 + 4p^3 > 0$$

et sous les signes des racines cubiques on trouve des nombres complexes. Si l'on extrait les racines cubiques dans le domaine complexe alors, après addition, les membres imaginaires disparaissent et l'on obtient des nombres réels. Ainsi l'extraction de la racine carrée $\sqrt{a+ib}$ peut se résumer à des opérations naturelles sur a et b. S'il en était ainsi pour le calcul de

$$\sqrt[3]{a+ib} = u + iv$$

tout irait bien. Mais quand on veut exprimer u, v par a, b, des équations du troisième degré réapparaissent et cette fois elles sont irréductibles. C'est un cercle vicieux ! Ainsi dans le cas de l'irréductibilité, il est impossible de trouver une expression pour les racines par des coefficients ne menant pas hors du cadre du domaine réel (à la différence de l'équation du second degré).

Les équations du quatrième degré

On trouve dans *Ars magna* la résolution des équations du $4^{\text{ème}}$ degré par Ferrari.

En langage actuel, la méthode utilisée par Ferrari pour résoudre l'équation
$$x^4 + ax^2 + bx + c = 0 \qquad \text{(f)}$$

(on peut facilement ramener l'équation générale du $4^{\text{ème}}$ degré à (f)) est la suivante : introduisons le paramètre t et réécrivons l'équation (f) sous la forme équivalente :

$$\left(x^2 + \frac{a}{2} + t\right)^2 = 2tx - bx + \left(t^2 + at - c + \frac{a^2}{4}\right). \qquad \text{(g)}$$

Choisissons maintenant une valeur du paramètre t de manière à ce que le trinôme du second degré (relatif à x) qui se trouve dans la partie droite de l'équation (g) ait deux racines qui coïncident. Pour cela, il faut que le discriminant de ce trinôme soit nul :

$$b^2 - 4 \cdot 2t \cdot \left(t^2 + at - c + \frac{a^2}{4}\right) = 0.$$

Nous avons maintenant obtenu une équation du troisième degré auxiliaire pour t. Trouvons, en utilisant la formule de Cardan, une de ses racines t_0. On peut maintenant écrire l'équation (g) sous la forme :

$$\left(x^2 + \frac{a}{2} + t_0\right)^2 = 2t_0\left(x - \frac{b}{4t_0}\right)^2. \qquad \text{(h)}$$

L'équation (h) se divise en deux équations du second degré qui donnent quatre racines.

Ainsi, selon la méthode de Ferrari, la résolution d'une équation du 4ème degré se ramène à la résolution d'une équation du 3ème degré et de deux équations du second degré.

Ferrari et Tartaglia

Depuis leur rencontre en 1539, Cardan et Tartaglia s'écrivaient peu. Un jour cependant, ce dernier entendit dire que Cardan écrivait un nouvel ouvrage et il lui envoya aussitôt une lettre pour lui rappeler sa promesse. Une autre fois Cardan, après s'être heurté au cas de l'irréductibilité, tente d'obtenir de Tartaglia des explications supplémentaires mais il n'obtient pas de réponse satisfaisante. On imagine la réaction de Tartaglia quand parut *Ars magna* (1545) ! Il publiera dans la dernière partie de son livre *Quesiti et inventioni diverse* (1546) la correspondance qu'il avait eue avec Cardan et les termes de leur accord. Cardan fait la sourde oreille aux reproches de Tartaglia mais le 10 février 1547, Ferrari lui répond. Il s'ensuit une célèbre querelle épistolaire entre le disciple de Cardan et le savant trompé. Dans une de ses lettres, Ferrari signale les lacunes de l'ouvrage de Tartaglia. Tantôt il l'accuse de s'emparer du résultat d'un autre, tantôt il signale des répétitions, signe de mauvaise mémoire (ce qui, à l'époque était une accusation grave). Pour finir, il invite Tartaglia à un débat public portant sur "la géométrie, l'arithmétique ainsi que les domaines touchant à ces disciplines comme l'Astrologie, la Musique, la Perspective, l'Architecture…" Il se déclare prêt à traiter de ce que les grecs, latins et italiens ont écrit à ce sujet ainsi que des travaux de son adversaire, s'il accepte en échange de disserter des siens.

La tradition voulait qu'on envoie des "questions" en réponse à un "cartel" (provocation en duel). Elles sont connues le 19 février. Tartaglia tente alors d'entraîner Cardan dans l'affaire mais comprend peu à peu qu'il n'y parviendra pas. La discussion sur les conditions de la rencontre traîne en longueur.

Après un an et demi de correspondance, Tartaglia accepte soudain cette joute. Que s'est-il passé ? En mars 1548, il est invité à aller donner des conférences publiques à Brescia, sa ville natale, ainsi que des leçons privées "auxquelles assisteront quelques docteurs et personnes d'une certaine influence". On a souvent dit que ses affaires n'allaient pas très bien à ce moment là et que ses protecteurs lui avaient demandé d'accepter le duel dans l'espoir de voir sa situation s'améliorer. Cette controverse eut lieu le 10 août 1548 à Milan en présence de nombreuses personnalités mais Cardan n'y parut pas. Ferrari en sortit vainqueur. Il est difficile de rétablir la vérité d'après les quelques notes que nous a laissé Tartaglia. Certains affirment que Ferrari infligea une lourde défaite à son adversaire (qui en outre avait du mal à s'exprimer correctement) et d'autres que ce dernier fit "carence" et que le disciple de Cardan n'eut donc aucun mal à vaincre.

Qu'advint-il de nos héros ?

Tartaglia ne resta qu'un an et demi à Brescia et rentra à Venise sans même avoir reçu ses honoraires. Sa défaite lui nuisit beaucoup. De 1556 à 1560, on publia les trois volumes de son *Trattato di numeri et misure* dont une partie est posthume (il mourut en 1557). Il y parle peu des équations cubiques : on ne retrouva pas le traité sur la nouvelle algèbre dont il avait parlé toute sa vie durant.

Au contraire, Ferrari devient célèbre. Il donne des conférences publiques à Rome, dirige un établissement fiscal à Milan, est invité à servir chez le cardinal de Mantoue et participe à l'éducation du fils du roi. Il meurt à quarante trois ans (1565). La légende dit qu'il fut empoisonné par sa sœur.

Cardan leur survécut. Cependant, la fin de sa vie fut pénible. Son fils préféré empoisonna sa femme et fut exécuté en 1560. Son autre fils, Aldo, devint un vagabond et vola son propre père. En 1570, Cardan fut emprisonné et vit ses biens confisqués. On ne connaît pas la cause de son arrestation. Peut-être faut-il y voir une intervention de l'Inquisition. En attendant d'être arrêté, Cardan détruisit cent vingt de ses ouvrages. Il finit ses jours à Rome où il reçut une modeste pension du pape. Il consacra la dernière année de sa vie à son autobiographie *De propria vita*. La dernière note de ce livre est datée du 28 avril 1576 et le 21 septembre, Cardan mourait. Il reconnut à la fin de cette œuvre avoir emprunté "quelque chose" à Tartaglia mais ajoutera que ce n'était pas bien important. Il n'avait sans doute pas la conscience tranquille.

ÉPILOGUE

La rivalité entre Cardan et Tartaglia sombrera peu à peu dans l'oubli et la formule sera appelée formule de Cardan (quoique le nom de Dal Ferro lui ait aussi été attribué).

Au début du XIXe siècle, le débat sur l'auteur de cette formule recommença. On se souvint tout à coup de l'existence du pauvre Tartaglia et tous étaient prêts à se battre en sa faveur. Le côté "enquête policière" de l'affaire plaisait beaucoup. Pendant combien de temps Cardan était-il tenu par sa promesse? Six ans, était-ce assez long? Pourquoi en 10 ans, Tartaglia ne publia-t-il pas cette formule? etc. Au demeurant, les ouvrages sur le sujet ont singulièrement simplifié les faits. Cardan y est parfois représenté comme un aventurier volant la formule de Tartaglia et lui attribuant son nom. En réalité, comme nous venons de le voir, tout n'était pas si simple.

Il ne s'agissait pas seulement de rétablir la vérité à la place des principaux acteurs. Nombreux voulaient déterminer le degré de culpabilité de Cardan. Mais surtout, cette affaire pose la question toujours actuelle de la propriété d'une découverte scientifique. De nos jours, il y a une grande différence entre les droits d'un savant et ceux d'un inventeur. Le savant ne peut contrôler l'utilisation de ses résultats, il peut seulement exiger que son nom soit cité. Cela explique que certaines découvertes soient restées secrètes…

Fin XIXe, la question donna lieu à des recherches historiques. Pour la première fois des documents originaux ("cartels" et "questions") furent publiés. Les mathématiciens prirent conscience de l'importance des travaux de Cardan. Comme l'a dit Leibniz, malgré tous ses défauts, c'était un grand homme.

M. Cantor, grand historien et mathématicien (1829-1920, ne pas confondre avec G. Cantor, fondateur de la théorie des ensembles), auteur d'une histoire de la mathématique, admirait Cardan mais reconnaissait qu'il n'était pas parfait du point de vue des qualités humaines. Il reprenait l'hypothèse de Ferrari selon laquelle Tartaglia n'aurait pas redécouvert la règle de Dal Ferro mais l'aurait obtenue toute prête de seconde main. Cantor remarquait en effet que Tartaglia n'avait pas réalisé de travaux passionnants et qu'à part la formule elle-même, qui du reste pouvait très bien avoir été empruntée à Cardan dans son *Ars Magna*, on ne trouvait dans ses publications et ses manuscrits que quelques remarques élémentaires. Cardan lui aussi trouvait étrange que les solutions de Tartaglia et de Dal Ferro se ressemblent comme deux gouttes d'eau.

Pendant un siècle et demi, l'intérêt pour la question varie. On voudrait obtenir une réponse unique alors qu'elle n'existe peut-être même pas. Toujours est-il qu'on parle aujourd'hui de *formule de Cardan*

"De propria vita"

Cardan achève son autobiographie *(Cardan, Ma vie, Autobiographie, Belin ed.)* quatre mois avant sa mort. Il semblerait que son horoscope prévoyait sa fin pour le jour de l'anniversaire de ses soixante-quinze ans. Il mourut deux jours plus tôt, le 21 septembre 1576. On raconte qu'il se suicida sentant sa mort proche ou même qu'il ne voulut pas faire mentir son horoscope. Quelle que soit la vérité, il est un fait que Cardan croyait à l'astrologie. Il raconte dans cet ouvrage comment, à quarante-quatre ans, il attendait la mort que lui avait prédite un horoscope précédent.

Cardan s'interroge sur la réussite de sa vie. D'un côté, il vit à Rome sur une petite pension du pape, loin des villes où il passa la meilleure partie de son existence, il a connu la prison et n'a pas eu de chances avec ses fils. De l'autre, il est convaincu de son importance. Il jette un regard critique sur son passé, mais on sent très bien qu'il était persuadé d'avoir agit comme il le fallait. Il croyait en la prédestination de sa vie. Aussi fait-il une analyse détaillée de l'influence des étoiles, un compte scrupuleux des signes, présages et petits événements qui lui donnent une image harmonieuse de sa vie. Dans une certaine mesure, son but était d'utiliser ses dons de mathématicien et d'astrologue afin de s'analyser lui-même comme champ d'action de forces supérieures. C'est pourquoi son œuvre fournit d'amples renseignements sur ses particularités physiques, son régime alimentaire, ses habitudes, etc.

Cette autobiographie est un monument de la littérature du XVIe siècle. Elle nous permet de savoir ce qu'un grand savant pensait de la vie à cette époque.

Deux récits sur Galilée

La Dynamique est la science des forces accélératrices ou retardatrices, et des mouvements variés qu'elles doivent produire. Cette science est due entièrement aux modernes, et Galilée est celui qui en a jeté les premiers fondements. Avant lui on n'avait considéré les forces qui agissent sur les corps que dans l'état d'équilibre ; et quoiqu'on ne pût attribuer l'accélération des corps pesants, et le mouvement curviligne des projectiles qu'à l'action constante de la gravité, personne n'avait encore réussi à déterminer les lois de ces phénomènes journaliers, d'après une cause si simple. Galilée a fait le premier ce pas important, et a ouvert par là une carrière nouvelle et immense à l'avancement de la Mécanique. Cette découverte est exposée et développée dans l'ouvrage intitulé : *Discorsi e dimostrazioni matematiche intorno a due nuove scienze*, lequel parut pour la première fois à Leyde, en 1638. Elle ne procura pas à Galilée, de son vivant, autant de célébrité que celles qu'il avait faites dans le ciel ; mais elle fait aujourd'hui la partie la plus solide et la plus réelle de la gloire de ce grand homme. Les découvertes des satellites de Jupiter, des phases de Vénus, des taches du soleil, etc. ne demandaient que des télescopes et de l'assiduité ; mais il fallait un génie extraordinaire pour démêler les lois de la nature dans des phénomènes que l'on avait toujours eus sous les yeux, mais dont l'explication avait néanmoins toujours échappé aux recherches des philosophes.

Joseph-Louis Lagrange
Mécanique analytique. Tome 1 p. 211, Paris 1811.

1. La découverte des lois du mouvement

Prologue

Vicenzo Galilée, musicien connu à Florence s'est longtemps demandé quel métier il pourrait bien donner à son fils aîné Galiléo. Ce dernier avait des dons musicaux évidents, mais son père préférait un métier plus sûr. En 1581, alors que Galiléo avait 17 ans, il opta pour la médecine. Vicenzo savait que ces études coûteraient cher mais que l'avenir de son fils serait assuré. Il choisit l'université de Pise, peut-être un peu provinciale mais qu'il connaissait bien : il avait longtemps vécu à Pise, c'est là que Galiléo était né.

Il était difficile de devenir médecin. Avant d'étudier la médecine, il fallait apprendre par cœur la philosophie d'Aristote. L'enseignement d'Aristote parle un peu de tout et Galilée disait "il n'y a pas de phénomène digne d'attention à côté duquel il soit passé sans au moins l'effleurer". À cette époque, on enseignait Aristote sous la forme d'un assemblage d'expressions considérées comme des vérités, prises hors de leur contexte et citées sans preuve. Il était impensable de ne pas être d'accord avec le grand philosophe.

Les écrits d'Aristote sur la physique du monde "quotidien" intéressent Galilée par dessus tout mais il refuse de croire aveuglément chacune de ses paroles. Il l'assimile en étudiant sa logique : "C'est Aristote qui m'a appris à ne me satisfaire que de ce que j'ai personnellement compris, et non pas de tout ce que me propose l'autorité d'un maître". D'autres auteurs, comme Archimède et Euclide, lui laissent une impression très forte.

Les secrets du mouvement

Galilée s'intéresse surtout aux divers mouvements. Il rassemble miette par miette tout ce que les anciens ont écrit sur le mouvement mais constate avec dépit : "Rien dans la nature n'est plus vieux que le mouvement, mais on a très peu écrit dessus". Pourtant, ce jeune homme curieux se pose sans cesse des questions.

En 1583, Galilée, qui a une vingtaine d'années, vit à Pise où, sur les conseils de son père, il étudie la philosophie et la médecine. Un jour, alors qu'il se trouve dans la cathédrale, sa curiosité le pousse à étudier les balancements du lustre suspendu au plafond. La période des oscillations dépend-elle de la longueur de l'axe parcouru ? Il lui semble en effet que la période, pour un grand arc, peut être diminuée si la vitesse maximum est plus élevée. Alors que le lustre se balance doucement au-dessus de lui, il évalue (selon son expression favorite) la fréquence du mouvement d'allers et retours en s'aidant de son pouls et de la musique, dont il était grand connaisseur (ce qui lui rendit de nombreux services). Il lui sembla que la fréquence était constante mais il n'en était pas tout à fait convaincu. Rentré chez lui, il décide, pour s'en assurer, de faire la chose suivante : il attache deux boules de plomb à des fils de longueur égale de manière à ce qu'elles puissent se balancer librement et les lâche simultanément chacune d'un angle différent, par exemple d'un angle de 30° pour l'une et de 10° pour l'autre. Aidé par un ami, il remarque que pendant que l'un des pendules fait un certain nombre d'oscillations de grande amplitude, l'autre en fait autant, mais avec une amplitude moindre.

De plus, il fabrique deux pendules semblables mais de longueurs différentes et note alors que, pendant que le pendule court fait par exemple 300 oscillations, sur des grands arcs, le grand pendule, utilisant la même amplitude, fait un nombre différent d'oscillations, disons 400. Après avoir répété l'expérience plusieurs fois, il en conclut que la période des oscillations dépend de la longueur du pendule mais pas de l'amplitude de ses oscillations. Il remarque aussi qu'il n'y a pas de différences sensibles imputables à la résistance de l'air, qui n'est pas la même selon la masse attachée au pendule.

Galiléo Galilée (1564-1642), gravure d'Audran B.N.

Il constate également qu'une différence du poids total (ou du poids spécifique) des boules ne provoque pas de changement sensible de la période. Les boules, si la longueur des fils entre leur centre et le point de suspension est la même, conservent une période relativement constante. Il ne faut cependant pas utiliser un matériau trop léger dont le mouvement serait facilement freiné par l'air et s'arrêterait donc rapidement.

Ce récit nous vient de Vicenzo Viviani (1622-1703) qui arriva en 1639 à Arcetri près de Florence où vivait Galilée depuis le jugement de l'Inquisition. Évangéliste Torricelli (1608-1647) les y rejoignit deux ans plus tard. Tous deux aidèrent le savant devenu aveugle à terminer ses projets. Sous l'influence de Galilée, il obtinrent certains résultats (les célèbres expériences barométriques, les recherches sur les cycloïdes). Viviani était très proche de Galilée. Ce dernier discutait volontiers avec lui de thèmes divers, ou ils évoquaient le passé. Viviani avait un but dans la vie : immortaliser la mémoire de son maître. Aussi doit-on relativiser ses comptes-rendus.

Revenons au récit de Viviani concernant la propriété isochrone du pendule. Pour une longueur fixée, la période des balancements du pendule ne dépend pas de leur amplitude. Galilée mesurait le temps à l'aide de son pouls et de la musique (il semblerait que l'idée remonte à Cardan). Au XXe siècle, tout le monde porte une montre, nous avons tendance à oublier ces problèmes. En effet, les premières horloges relativement exactes sont basées sur la propriété du pendule découverte par Galilée. Pour mesurer le temps, Galilée utilisait au cours de ses expériences un filet d'eau coulant doucement (une sorte de clepsydre).

Galilée remarqua qu'il y avait un lien entre la longueur d'un pendule et la fréquence de ses oscillations : les carrés des périodes du balancement croissent proportionnellement à la longueur du pendule. D'après Viviani, Galilée obtint ce résultat en se laissant guider par la géométrie et sa nouvelle science du mouvement mais personne ne sait comment il fit ses déductions. Il ignorait apparemment que les balancements du pendule étaient isochrones du moins pour les petits arcs. Pour de grands angles, la période dépend de l'écartement. Par exemple, quand ce dernier est de 60°, la période est sensiblement différente de ce qu'elle est pour de petits angles. Galilée aurait pu extraire ce résultat de la série d'expériences faites par Viviani. Huygens remarquera plus tard que le pendule mathématique n'est pas strictement isochrone.

Galilée réussissait mal en médecine quoiqu'il essayât de justifier les espoirs et les dépenses de son père. Cependant en 1585, il revint à Florence sans avoir obtenu son diplôme. Il continua à faire de la mathématique et de la physique, tout d'abord en cachette de son père puis avec son accord, en contact avec des savants, comme le marquis Guido Ubaldo del Monte. C'est grâce à lui que Galilée fut nommé en 1589 professeur de mathématiques à l'université de Pise par le duc toscan Ferdinando Medicis. Galilée vécut à Pise jusqu'en 1592 où il s'installa à Padoue. Il y passa 18 ans —période la plus heureuse de sa vie, dit-il—. De 1610 à sa mort, il fut le "philosophe et le premier mathématicien du grand-duc de Toscane". À Pise comme à Padoue, il se consacra à l'étude du mouvement.

La chute libre

À cette époque, il était de règle de se référer à Aristote qui affirmait que la vitesse de chute d'un corps est proportionnelle à son poids et que la vitesse est inversement proportionnelle à la densité du milieu. Cette seconde affirmation soulève des difficultés : dans le cas du vide, cette densité est égale à 0 et par conséquent la vitesse devrait être infinie. Aristote mit fin à ces controverses en déclarant : "La nature a horreur du vide" (le vide n'existe pas dans la nature).

Au Moyen Âge, il se trouvait déjà des gens pour mettre en doute cette seconde assertion. La critique la plus sérieuse fut publiée par Benedetti, disciple de Tartaglia et contemporain de Galilée. Ce dernier en prit connaissance en 1585. Le principal argument était le suivant : si l'on prend deux corps, l'un léger, l'autre lourd, et qu'on les lâche, le second tombe plus vite. Maintenant, attachons-les. Il serait naturel de penser que le corps léger va ralentir la chute du corps lourd et que la vitesse globale sera intermédiaire. Aristote affirmait qu'elle était supérieure à la vitesse de chaque corps. Benedetti avança l'idée que la vitesse de chute d'un corps dépend de son poids spécifique et imagina que celle du plomb est onze fois supérieure à celle du bois. Galilée crut pendant longtemps que la vitesse d'un corps dépendait de son poids spécifique.

À Pise, Galilée étudiait déjà la chute des corps. Viviani écrivait qu'il s'attachait à ses idées et qu'il démontrait, au grand désarroi des philosophes, à force d'expériences, de preuves sérieuses et de raisonnements, l'inexactitude de nombreuses conclusions d'Aristote jusque-là considérées comme évidentes et indiscutables. Ainsi, deux corps de même densité mais de poids différent placés dans un milieu identique n'ont pas une vitesse proportionnelle à leur poids, comme le supposait Aristote, mais se déplacent à une vitesse identique. Galilée le prouvait par des expériences répétées du haut de la tour de Pise en présence de professeurs, de philosophes et de savants (aujourd'hui encore, on représente souvent Galilée en train de lâcher des balles du haut de cette tour). Cela donna lieu à de nombreuses plaisanteries. Un cabaretier, par exemple, fit courir le bruit que le savant allait se jeter du haut de la tour. Pour l'instant, il n'est question que de corps de la même densité.

L'observation de Benedetti, selon laquelle la vitesse de la chute libre augmente à mesure que le corps se déplace, préoccupait Galilée et il décida de trouver la description mathématique de cette variation de vitesse. Il convient ici de rappeler qu'à l'origine Galilée désirait donner une forme mathématique à la physique d'Aristote. Selon lui, la philosophie est inscrite dans "le grand livre de la nature" (l'univers) ouvert en permanence devant nos yeux, mais qu'il est impossible de la comprendre avant d'avoir appris à connaître sa langue et à distinguer les signes nécessaires pour la décrire (la langue mathématique et les figures mathématiques). Cependant, Galilée s'aperçut rapidement qu'avant de leur donner une forme mathématique, il convenait de revoir une à une les affirmations du grand philosophe. Comment trouver la loi du changement de vitesse de la chute libre ? À cette époque, l'expérience commençait à tenir un rôle dans la recherche. Pour Aristote et ses adeptes, elle était superflue (que ce soit pour établir une vérité ou pour la vérifier). Galilée aurait pu choisir de faire de nombreuses expériences, de procéder à des mesures précises et de chercher la loi qui les explique. Ainsi Kepler, contemporain de Galilée, étudiant les multiples observations de Tycho Brahé, s'était-il aperçu que les planètes avaient une trajectoire elliptique. Galilée choisit une autre méthode. Il décide de trouver une loi en partant de réflexions générales puis de la vérifier expérimentalement. Il fut le premier à utiliser cette démarche qui deviendra peu à peu habituelle dans la science.

D'après Galilée, la nature cherche la simplicité et la loi de l'accroissement de la vitesse doit se présenter sous une forme très simple, claire et "être accessible à tous". Comme la vitesse augmente avec la distance parcourue, quoi de plus simple que de dire que la vitesse v est proportionnelle à la distance s :

$$v = cs,$$

c étant une constante.

Cette découverte l'effraya au début. En effet, cela veut dire qu'au départ la vitesse est nulle, alors qu'elle semble grande. Cependant, Galilée observa qu'un poids tombant de quatre aunes sur un pilot fait pénétrer celui-ci de quatre pouces dans la terre. Ce même poids tombant de deux aunes enfonce moins le pilot et ainsi de suite. Étant donné que l'effet de choc dépend de la vitesse du corps, on peut affirmer que lorsque cet effet est imperceptible, le mouvement est lent et la vitesse minime.

Galilée s'interrogea longtemps sur les implications de ces hypothèses : le mouvement devenait impossible à décrire ! Prenons pour simplifier

$$c = 1,$$

le mètre comme unité de mesure et la seconde comme unité de temps. À tout instant

$$v = s.$$

Soit un segment OA d'un mètre de long. Tâchons de calculer le temps que mettra le corps à tomber de O en A. Au point A, la vitesse instantanée est de 1 m/s. Prenons le point A_1 tel que $OA_1 = A_1A$. La vitesse instantanée sur le segment A_1A sera inférieure à 1 m/s et il faudra plus d'une demi-seconde pour parcourir un demi-mètre. Prenons un point A_2 tel que

$$OA_2 = A_2A_1.$$

La vitesse instantanée sera inférieure à un demi-mètre seconde et il faudra encore plus d'une demi-seconde pour parcourir le segment A_2A_1 qui mesure un quart de mètre. On peut continuer ainsi indéfiniment et pour chaque segment il faudra plus d'une demi-seconde. Cela veut dire que le corps n'arrivera jamais en A.

Nous avons placé A à un mètre de O, mais par analogie on s'aperçoit que le corps ne peut tomber en aucun autre point. Tel est le "brillant" raisonnement qui marqua le début de la mécanique classique.

Galilée publia à ce sujet des affirmations peu convaincantes. La vitesse étant proportionnelle à la distance, il faudra toujours le même temps pour parcourir tous les segments, ce qui est faux. Était-ce parce qu'il n'avait pas l'habitude de manier la vitesse instantanée ou parce qu'il nota ses résultats des années plus tard ? (Nous verrons pourquoi plus loin.) Cela n'est pas le seul exemple de raisonnement dénué de fondement ou erroné que Galilée nous ait laissé.

La nature n'a donc pas choisi la simplicité. Néanmoins, Galilée conserve confiance en elle et imagine une autre hypothèse : l'augmentation de la vitesse est proportionnelle au temps

$$v = at.$$

Il appelait ce mouvement "mouvement naturellement accéléré" (on dit aujourd'hui "uniformément accéléré"). Il observe la courbe de vitesse sur un intervalle de O à t et note que s'il l'on prend les instants t_1 et t_2 équidistants de $\frac{t}{2}$, la vitesse en t_1 est d'autant inférieure à $\frac{at}{2}$ qu'elle lui est supérieure en t_2. Il en déduit qu'en moyenne la vitesse est égale à $\frac{at}{2}$ et l'espace parcouru à

$$\left(\frac{at}{2}\right)t = a\,\frac{t^2}{2}.$$

(Un argument peu rigoureux !)

Cela veut dire que si l'on prend des intervalles équidistants $t = 1, 2, 3, 4...$, les espaces parcourus depuis le point de départ seront proportionnels aux carrés de ces nombres naturels 1, 4, 9, 16... et les espaces parcourus dans chaque intervalle $(t, t + 1)$ seront proportionnels aux nombres impairs 1, 3, 5, 7...

Suivons la logique de Galilée. Tout d'abord il distingue les questions "comment" et "pourquoi". Les disciples d'Aristote considèrent que la réponse à la première question doit se déduire de la réponse à la seconde. Galilée, conscient de ses capacités, ne comprend pas le pourquoi de cette accélération du mouvement dans la chute libre mais tente simplement de décrire la loi qui le régit. Pour cela, il est essentiel de trouver un principe général simple d'où on pourra tirer cette loi. Galilée (selon ses propres mots) cherchait un principe incontestable qui aurait valeur d'axiome. Il semble, d'après la lettre qu'il écrivit en automne 1604 à Paolo Sarpi, qu'il connaissait déjà la loi du changement de position d'un corps en chute libre mais qu'il n'en était pas satisfait car on ne pouvait l'obtenir à partir du principe apparemment irréfutable selon lequel la vitesse d'un corps "ayant un mouvement naturel augmente en proportion avec la distance qui le sépare du point de départ".

Il était ici important de choisir une variable *indépendante* et à partir d'elle d'observer les variations de *toutes* les autres grandeurs décrivant le mouvement. Tout naturellement, on choisit d'abord le chemin parcouru. Il est simple en effet de constater que la vitesse augmente au fur et à mesure de la distance. Mais comme nous l'avons déjà vu, à cette époque il n'y avait pas d'horloges. Il ne faut pas oublier que l'idée d'un temps s'écoulant en permanence a mis longtemps à pénétrer la psychologie de l'homme. Galilée fit preuve d'une grande capacité imaginative en abandonnant la distance pour le temps. En 1609-1610, il découvrit le principe de l'accélération uniforme de la chute libre (par rapport au temps !).

Il ne faut pas surestimer le caractère définitif des notions de vitesse et d'accélération chez Galilée. La notion de vitesse instantanée, changeant continuellement, est difficile à saisir et il fallut attendre longtemps avant qu'elle n'acquière droit de cité. Comment s'assurer que le rejet de l'idée selon laquelle le changement de vitesse se fait par à-coups ne conduise pas aux contradictions dont étaient remplis les énoncés sur les procédures continues. Il est difficile aujourd'hui d'apprécier l'audace de Galilée quand il imagina une vitesse variant continûment. Certains maîtres du raisonnement analytique (Cavalieri, Mersenne, Descartes) ne le crurent pas. Descartes refusait même catégoriquement de croire à une vitesse nulle au départ. Le processus de calcul du trajet à vitesse variable est encore plus complexe car il exige une intégration. Galilée connaissait le raisonnement d'Archimède ou celui des "indivisibles" de Cavalieri. Il choisit une méthode artificielle, utilisant de manière peu rigoureuse la vitesse moyenne, puis la formule habituelle pour le mouvement uniforme. Avec la découverte de la loi de la chute libre naquirent une mécanique et une analyse mathématique nouvelles. Quant à l'accélération, Galilée se contentant du cas de l'uniformité, n'avait pas besoin de notion globale. On ne trouve pas encore dans ses travaux la notion de chute libre comme constante universelle.

Les affirmations de Galilée sur le rôle de la force dans la non-uniformité du mouvement manquent de clarté. Il rejette le principe d'Aristote (la vitesse est proportionnelle à la force agissante) et affirme qu'en l'absence de force le mouvement reste uniforme et rectiligne. La loi de l'inertie (première loi de Newton) porte le nom de Galilée. Ce dernier se réfère constamment à l'exemple du boulet de canon qui, s'il n'était pas victime de l'attraction terrestre, suivrait une ligne droite. Il écrit que la vitesse d'un corps est une partie indissociable de sa nature alors que les causes de la variation de cette vitesse lui sont extérieures. "Le mouvement horizontal est éternel car s'il est uniforme, il ne s'affaiblit pas et ne ralentit pas". Dans sa *Lettre à Ingoli,* il décrit avec poésie divers phénomènes à bord d'un navire se déplaçant uniformément en ligne droite. En l'absence de tout point de repère extérieur, ils ne permettent pas de déceler le mouvement du bateau : les gouttes d'eau tombent exactement dans le goulot d'une bouteille, les pierres tombent du mât à la verticale, la fumée monte, les papillons volent à la même vitesse dans toutes les directions, etc. On a ainsi l'impression que Galilée accorde toute sa confiance au principe de l'inertie dans le domaine de la mécanique "terrestre"; il sera bien moins logique en ce qui concerne la mécanique céleste.

Newton attribue à Galilée la découverte de la première loi de la mécanique et également de la seconde (quoique ce soit exagéré car on ne trouve pas chez lui de lien entre la force et l'accélération, quand elles ne sont pas nulles). Galilée donna une réponse très complète au "comment" de la chute libre mais laissa intact le "pourquoi".

Le mouvement sur le plan incliné.

Galilée affirmait qu'un corps qui tombe franchit des distances proportionnelles aux nombres consécutifs impairs $(2n - 1)$ en des intervalles successifs $(1, 2, \ldots, n)$. C'était l'une de ses principales conclusions et il désirait la vérifier. Mais comment ? Impossible en effet de continuer à lancer des balles du haut de la tour de Pise —d'ailleurs à cette époque il était à Padoue ! Dans le laboratoire, la chute était trop rapide (faute de hauteur). Il lui vint alors une idée géniale : remplacer la chute libre par un mouvement plus lent, soit celui d'un corps sur un plan incliné. Il remarqua que le mouvement d'une bille se déplaçant selon un plan incliné a une accélération uniforme $g \sin a$ où a est l'angle d'inclinaison par rapport à l'horizontale (g étant l'accélération de la chute libre). Les réflexions de Galilée sont plus prolixes. Il n'introduit pas l'accélération de la chute libre mais manie, comme cela se faisait alors, un grand nombre de proportions. Il tire une série de conclusions de l'uniformité de l'accélération de la bille qu'il peut ensuite vérifier en laboratoire (si l'angle d'inclinaison est faible, le temps de déplacement est grand). Pour Galilée, le mouvement sur un plan incliné a un intérêt propre et il effectuera de nombreuses observations. Par exemple : si le plan incliné a sa ligne de plus grande pente selon AE, le temps mis par une bille pour rouler de A en E est le même que le temps de chute libre sur AB (les points A, E, B étant sur un même cercle vertical).

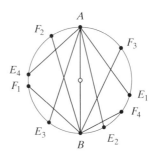

Figure 1

Chute sur plan incliné selon AE.

Après un raisonnement relativement complexe, Galilée prouve que si l'on prend trois points successifs A, B, C sur le cercle, le point se déplace moins vite selon la ligne brisée ABC que selon l'arc AC.

Le mouvement d'un corps lancé

Galilée appelait ce mouvement, "mouvement contraint" par opposition à la chute libre. Aristote pensait qu'un corps lancé selon un angle a par rapport à l'horizontale se déplace d'abord selon une droite inclinée, puis selon un arc de cercle et enfin selon une droite verticale. Tartaglia fut vraisemblablement le premier à affirmer qu'aucune partie de la trajectoire n'était parfaitement droite.

Galilée élabora la théorie du mouvement "contraint" juste après celle de la chute libre. Là encore, les expériences ne vinrent qu'après. L'hypothèse de Galilée était extrêmement simple : le mouvement d'un corps lancé sous un angle a se forme à partir du mouvement rectiligne uniforme que l'on pourrait observer en l'absence de la force de pesanteur. En conséquence, le corps se déplace selon une parabole. Notons que Galilée dans ce raisonnement utilise (essentiellement) la loi de l'inertie.

Il avait dans ses études du mouvement complexe, un célèbre prédécesseur qu'il prenait en exemple. Il disait vouloir observer et traiter ce phénomène à la manière d'Archimède, qui, dans "le traité des spirales", après avoir défini le mouvement en spirale comme formé de deux mouvements uniformes, l'un rectiligne, l'autre circulaire, passait directement à ses conclusions. Nous parlons ici de la "spirale d'Archimède" formée par un point se déplaçant le long du rayon d'un cercle qui tourne.

Utilisant les propriétés de la parabole, Galilée établit une "table de tir" d'une grande signification pratique. Padoue faisait partie de la république vénitienne et Galilée gardait des contacts avec l'arsenal de Venise. Un certain nombre d'affirmations de Galilée ont ainsi pu être vérifiées expérimentalement. Il démontra l'exactitude de l'idée de Tartaglia : à un angle de 45° correspond la portée de jet maximale. Il montra également que pour deux angles dont la somme est égale à 90° la portée de jet était la même (pour une même vitesse donnée).

Galilée et Kepler

Les découvertes de Galilée devaient stupéfier ses contemporains. Les coniques (ellipse, parabole, hyperbole), merveilles de la géométrie grecque, semblaient être des fantaisies mathématiques sans aucun rapport avec la réalité. Galilée démontra que les paraboles apparaissaient "sur terre" (Au XIXe siècle encore, Laplace considérait le rôle des sections coniques comme une apparition imprévue de la mathématique pure). Il est tout à fait remarquable qu'à cette même époque les sections coniques apparurent dans un tout autre domaine mais de façon tout aussi étonnante. En 1604-1605, J. Kepler (1571-1630) remarqua que Mars décrivait une ellipse, le soleil occupant un des foyers (dix ans plus tard, Kepler étendra cette affirmation à toutes les planètes ; c'est la première loi de Kepler). Ceci est une coïncidence extraordinaire et pour nous ces deux découvertes vont ensemble mais personne avant Newton n'avait fait le lien entre ces résultats. Plus encore, Galilée refusa de reconnaître la loi de Kepler et quoiqu'il eut une correspondance suivie avec ce dernier il lui tut sa découverte.

Pendant de longues années, il s'écrivirent. Kepler était l'un des savants les plus proches de Galilée. D'abord Kepler acceptait sans réserve le système de Copernic. En 1597 déjà Galilée, après avoir reçu le *Mysterium cosmographicum* de Kepler, partage avec son collègue le désir secret de publier ses arguments en faveur du système héliocentrique. Il lui fait savoir qu'il n'a pu jusqu'à présent se résoudre à le faire par crainte de subir le même sort que Copernic "qui mérite une gloire éternelle plutôt que les sifflets et les quolibets" et il ajoute que s'il y avait sur Terre plus de gens comme lui

(Kepler), il ne manquerait pas de le faire mais que malheureusement cela n'est pas le cas. Kepler, dans sa réponse, l'exhorte à ne plus hésiter et à "foncer". Il lui propose d'unir leurs efforts, affirmant que peu de mathématiciens européens oseraient les désavouer. Le livre pourrait être publié en Allemagne par exemple car la situation est moins difficile qu'en Italie où Giordano Bruno était emprisonné depuis six ans pour thèses hérétiques. Il est intéressant de voir comment Kepler fait sa découverte. Il avait une double personnalité. D'un côté, c'était un rêveur qui tentait de saisir les mystères de la Création. Ainsi s'émerveillait-il devant ce qu'il considérait comme l'un des plus grands mystères qu'il ait dévoilé.

Il existe six planètes car il existe cinq polyèdres réguliers. Il dispose six sphères et les place en alternance avec les polyèdres réguliers de manière qu'un polyèdre s'inscrive dans chaque sphère et qu'un autre la circonscrive. Il fait ensuite correspondre les planètes successives aux sphères. L'ordre des polyèdres a un sens secret (le cube correspond à Saturne, le tétraèdre à Jupiter…). Il compare les relations des rayons des sphères aux dimensions relatives connues des orbites. Ces réflexions publiées dans le *Mysterium cosmographicum* furent bien accueillies et Tycho Brahé l'invita à venir travailler avec lui. Cette invitation marqua un tournant dans la vie professionnelle de Kepler.

Il se mit à travailler sur les observations nombreuses de l'astronome, observations étonnamment précises pour quelqu'un qui n'utilisait pas de télescope (l'exactitude était de $\pm 25''$), et s'en servit pour corriger l'orbite des planètes. Tycho Brahé (que Kepler surnommait le phénix de l'astronomie) comptait, semble-t-il, trouver la confirmation de sa théorie selon laquelle le Soleil tournait autour de la Terre tandis que les autres planètes tournaient autour du Soleil. En fait, Kepler effectua ses calculs dans le cadre du système de Copernic.

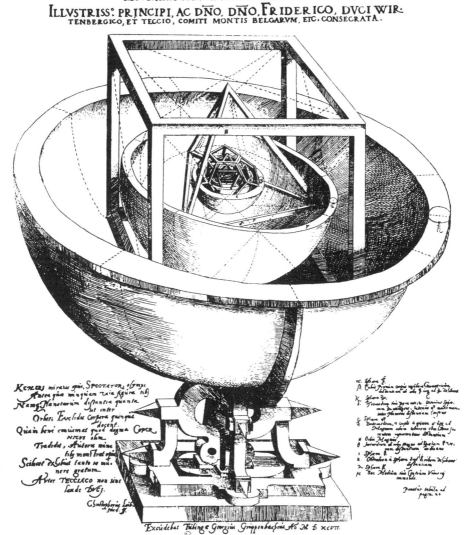

Représentation de l'orbite des planètes et des cinq polyèdres réguliers, selon Kepler.

Étant donné que Copernic, à l'instar de Ptolémée, assemblait les orbites à partir de cercles, son système conservait des épicycles. Kepler désirait simplifier le système (sa dernière grande publication achevée en 1621 s'appelait *L'Epitome Astronomiae Copernicae*). L'orbite de la Terre se rapproche d'un cercle mais le soleil est quelque peu excentré. Copernic sait tout cela mais Kepler l'a mesuré précisément. Il étudia soigneusement l'irrégularité du mouvement de la Terre sur son orbite et chercha longtemps son origine. Il imagina une dépendance inversement proportionnelle de la distance du Soleil et d'autres possibilités jusqu'à ce qu'il découvrit la loi des aires (2ème loi de Kepler). Puis il calcula l'orbite de Mars et le compara à différentes courbes. Il fit preuve d'une confiance étonnante dans les observations. Un jour, par exemple, il rejeta un résultat après avoir remarqué qu'il présentait une différence de 8′ avec les données de Tycho Brahé (une telle différence est quasiment imperceptible à l'œil nu). Einstein dira que Kepler sentait très bien que les constructions théoriques et logico-mathématiques ne peuvent en elles-mêmes garantir la vérité et que dans le domaine des sciences naturelles les théories les plus logiques n'ont aucun sens si on ne les valide pas par des expériences très précises. Kepler passa en revue toutes sortes d'ovales et s'aperçut que l'ellipse correspondait le mieux avec les données de l'observation. La voie choisie par Kepler était sensiblement différente de celle employée par Galilée qui, le plus souvent, partait de principes généraux et de résultats qualitatifs. Sur la fin de sa vie, Galilée évoquera cette différence de méthodes en ajoutant que néanmoins il leur arrivait de rapprocher leurs méthodes dans le domaine des corps célestes.

Galilée pensait qu'il n'y avait dans le monde qu'un mouvement circulaire régulier. Il refusa de croire que les planètes décrivaient des ellipses et que leur mouvement sur leurs orbites était irrégulier. Il ne tint pas compte des mesures astronomiques précises.

Kepler fut le premier à étudier l'attraction mutuelle des corps et à la rattacher au mouvement. Il émit même une conjecture sur la décroissance avec la distance. Il pensait que les marées s'expliquaient par l'attraction de la Lune. Galilée niait l'existence des forces s'exerçant à distance et il rejetait tout particulièrement les tentatives d'explication des phénomènes terrestres par l'influence des corps célestes. Il considérait, à tort, les marées comme une preuve du mouvement de la Terre. Les affirmations de Kepler relevaient à son avis de l'astrologie qui expliquait les événements par l'influence des planètes. Il s'étonnait même que Kepler qui avait l'esprit libre et perçant, et qui de plus était familiarisé avec les mouvements, "accorde à la Lune un tel pouvoir sur l'eau, et autres gamineries". Kepler avait vu juste mais il faudra attendre des siècles pour que cela soit prouvé.

Cependant, les raisonnements de Kepler sur l'attraction universelle contiennent de nombreuses inexactitudes. Il était très en retard sur Galilée sur un point : comme Aristote il pensait que la vitesse était proportionnelle à la force.

La mécanique terrestre et la mécanique céleste

En 1610, Galilée, après vingt ans de travail, obtient d'importants résultats en mécanique. Il se met à préparer un traité universel mais des événements imprévus le feront délaisser ses activités pendant vingt ans. Galilée construit une lunette et en 1610 découvre les satellites de Jupiter. Cette année est riche en découvertes astronomiques. Galilée pense avoir trouvé des preuves décisives en faveur du système de Copernic et pendant 23 ans, il se consacrera à les étayer. Pendant cette période, Galilée ne se rappellera de la mécanique que ce qui lui est nécessaire pour élaborer le *Système du monde*. Parfois même sa nouvelle philosophie est en contradiction avec ses résultats sur les mouvements terrestres. Ainsi, il ne trouve pas de place dans l'Univers (où tout est fort bien "ordonné") pour le mouvement rectiligne qui, dans ces conditions, n'est pas "naturel" et au contraire "superflu". Il ne laisse une place au mouvement rectiligne que dans des situations instables car sur Terre doit régner le mouvement circulaire. Galilée pense que sa loi de l'inertie pour les "mouvements locaux" n'est valable qu'à proximité de la Terre. De même, selon lui, la loi sur la trajectoire des corps lancés n'est qu'une approximation. En réalité, elle se terminerait au centre de la Terre. C'est pourquoi il affirme, alors qu'il avait découvert que la trajectoire était parabolique, que le mouvement d'un corps lancé doit suivre l'arc d'un cercle ou une ligne hélicoïdale. Fermat lui fit part, par l'intermédiaire de Carcavi (1637), de son désaccord et Galilée dans sa réponse dit que cette affirmation n'est que "fiction poétique" et promet de publier un ouvrage sur la forme parabolique de la trajectoire. Il ajoute malgré tout en conclusion qu'il n'y a pas d'écart du mouvement parabolique tant que les expériences sont faites sur Terre, à des distances et hauteurs accessibles à l'homme, mais qu'à proximité du centre, ils seraient énormes (Newton mit en évidence le caractère approximatif de la trajectoire parabolique mais les attentes de Galilée ne furent pas exaucées). *Galilée ayant longtemps retardé sa publication, la 1ère mention de la trajectoire parabolique fut faite par Cavalieri dans "Le miroir brûlant". Il emprunta à Galilée l'idée de la conjonction de deux mouvements et le principe de l'inertie. Galilée fut fâché que son nom ne soit pas mentionné et expliqua que cette découverte était le fruit de quarante années de travail. Les excuses de Cavalieri le calmèrent.*

Galilée pendant toutes ces années s'intéresse à la question que posaient les adversaires du mouvement de la Terre : Pourquoi les objets ne s'envolent-ils pas si la Terre tourne ? Galilée est persuadé que cela s'explique par la pesanteur mais comment donner une explication tangible ? Il commence son raisonnement ainsi : imaginons qu'un corps se déplace sur une sphère de rayon R à une vitesse v. Si la pesanteur n'existait pas le corps continuerait son mouvement rectiligne sur la tangente à la vitesse v. Pour que le corps reste sur la sphère, il faut ajouter à ce mouvement, un mouvement dirigé vers le centre. Il ne restait qu'à noter que, selon le théorème de Pythagore, pour le second mouvement le trajet est

$$s(t) = \sqrt{R^2 + v^2 t^2} - R$$

et si le temps *t* est court c'est alors presque la même chose que

$$s^*(t) = \frac{v^2 t^2}{2R}$$

[parce que

$$\frac{s - s^*}{t^3} \to 0$$

quand

$$t \to 0 \, . \,]$$

Il est maintenant impossible de ne pas reconnaître les formules de Galilée pour le trajet quand le mouvement s'accélère uniformément et que l'accélération est

$$a = \frac{v^2}{2R} \, .$$

Les "Discours"

En 1633, alors qu'il se trouve en exil à Sienne, quelques semaines seulement après la condamnation de l'Inquisition et son abjuration, Galilée décide d'écrire les résultats auxquels il était parvenu en mécanique. À Arcetri, comme à Florence, il continue son œuvre malgré sa solitude forcée, sa santé déclinante et sa cécité qui s'aggrave. En 1636, il achève ses *Discours et démonstrations mathématiques concernant deux nouvelles sciences touchant la mécanique et les mouvements locaux* et les expédie à l'étranger après avoir pris de nombreuses précautions (il ne savait pas quelle serait la réaction de l'Inquisition). Il fut publié en Hollande en juillet 1638. Comme son précédent ouvrage (celui qui le fera condamner), il est écrit sous la forme d'un dialogue. Les interlocuteurs, Salviati (qui expose le point de vue de l'auteur), Sagredo et Simplicio (c'est-à-dire "Simplet" le partisan d'Aristote), discutent pendant six jours. Le troisième et le quatrième jour, ils lisent le traité de l'académicien (Galilée) sur les mouvements locaux et en discutent. Dans le titre de son livre, les termes "mécaniques" et "mouvement" sont dissociés car à cette époque seules la statique et la résistance des matériaux relevaient de la mécanique.

Sur la fin de sa vie, Galilée décide de reprendre les projets qu'il avait abandonnés, mais il a besoin d'aide. Il confie à son fils Vicenzio le soin de construire une horloge à partir de la propriété du pendule qu'il avait découvert dans sa jeunesse. Il ne verra pas la réalisation de son idée. L'Inquisition limite ses contacts avec le monde extérieur. Ce n'est qu'après avoir terminé ses *Discours* que Galilée voit arriver, dans sa villa d'Arcetri qu'il appelait sa prison, son vieil ami et fidèle disciple B. Castelli et Cavalieri. Viviani et Torricelli depuis quelques temps ne quittent plus le maître. Ils l'aident à achever son œuvre et continueront ses recherches.

Ainsi Torricelli calcule le vecteur vitesse d'un corps lancé sous un angle à l'aide de la règle de la composition des vitesses. Étant donné que la vitesse est tangente à la trajectoire, il obtient une élégante méthode pour construire une trajectoire parabolique à partir de cette tangente. Vint l'époque du calcul différentiel et intégral, et les problèmes de construction de courbes à partir de tangentes acquirent de l'importance en mathématiques. On étudia divers moyens parmi lesquels la méthode cinématique dans laquelle la courbe se présentait comme la trajectoire d'un mouvement composé et la tangente était déterminée par la composition des vitesses comme l'avait fait Torricelli pour la parabole. G. Personne, mathématicien français, plus connu sous le nom de Roberval, fit des miracles avec ce procédé. Les "courbes mécaniques" obtenues comme trajectoires des différents mouvements entrèrent dans l'usage de l'analyse mathématique. Il faut se souvenir que Galilée s'était consciemment limité aux mouvements que l'on trouve dans la nature, quoiqu'il reconnût que l'on pouvait en imaginer d'autres, et étudier les phénomènes qui leur étaient liés. Newton comprendra l'intérêt d'avoir une vue générale du mouvement.

Les *Discours* déterminèrent longtemps le développement de la mécanique. Huygens et Newton, célèbres successeurs de Galilée, en firent leur livre de chevet. Qui sait si l'évolution de la mécanique aurait été aussi rapide si Galilée n'avait pas connu ces années d'exil !

Annexe mathématique

L'histoire de la découverte de la loi de la chute libre est également celle d'une découverte manquée. En effet Galilée, après avoir compris que la loi

$$v(t) = c \cdot s(t)$$

ne pouvait rendre compte des mouvements observés, abandonna ses travaux. Il ne s'intéressait qu'aux mouvements naturels ! Peu de temps après, l'écossais Neper étudia le mouvement rectiligne qui obéit à la loi

$$v(t) = L(t)$$

où $v(t)$ représente la vitesse instantanée à l'instant t, et $L(t)$ non pas le chemin parcouru mais la distance séparant le point mobile d'un point fixe O situé sur la droite. Le cas étudié par Galilée correspondait à une situation où le point mobile se trouve à l'instant initial $t = 0$ au point O, c'est-à-dire :

$$L(O) = 0, L(t) = s(t).$$

Chez Neper :

$$L(O) > 0, L(t) = L(O) + s(t).$$

Quand

$$L(O) > 0,$$

le mouvement qui possède ces propriétés peut être construit et il a des propriétés mathématiques remarquables (quoiqu'on ne le rencontre pas souvent dans la nature !). Étudions-le. Tout d'abord, si l'on multiplie la distance initiale $L(O)$ par c alors la distance $L(t)$ et la vitesse $v(t)$ sont multipliés à tout instant par c. Il conviendrait bien sûr d'étayer ce raisonnement mais il est clair que si l'on multiplie L et v par une constante, la loi $v(t) = L(t)$ reste valable. Contentons-nous du cas où $L(O) = 1$. Alors,

$$L(t_1 + t_2) = L(t_1)L(t_2).$$

Donnons la preuve de cette relation. Il est pratique de prendre l'instant t_1 comme nouvelle origine des temps. En fonction de ce que nous avons vu plus haut, la distance jusqu'au point O au nouvel instant t_2 (l'ancien $t_1 + t_2$) doit être $L(t_1)$ fois plus grande qu'à l'ancien instant t_2. Cela veut dire que

$$L(t_1 + t_2) = L(t_1) L(t_2).$$

Ainsi apparut pour la première fois la fonction exponentielle :

Nous avons

$$L(t) = e^t$$

où

$$e = L(1),$$

soit la distance de O à l'instant $t = 1$. Sachant que e est la distance de O à l'instant

$$t = 1$$

et que

$$v = L,$$

il n'est pas difficile de montrer que $e > 2$ (prouvez-le !). En réalité

$$e = 2,71828\ldots$$

On donna à e le nom de "base des logarithmes népériens". En étudiant les mouvements qui obéissent à la loi

$$v(t) = kL(t)$$

on peut obtenir les fonctions exponentielles sur d'autres bases.

Pour chaque a positif, nous appellerons l'instant t, pour lequel

$$L(t) = a,$$

logarithme (naturel) de a (qui se note $\ln a$). Étant donné ce que nous avons vu plus haut

$$\ln ab = \ln a + \ln b.$$

Pendant vingt ans, Neper établit des tables de logarithmes et publie en 1614 *Mirifici logarithmorum canonis descriptio*. Dans l'avertissement de cet ouvrage, il s'excuse pour les inévitables erreurs et termine en disant que "rien n'est parfait du premier coup".

L'œuvre de Neper est remarquable non seulement en ce qu'il créa les tables de logarithmes mais également parce qu'il prouva que l'on pouvait trouver de nouvelles fonctions en étudiant le mouvement. Les travaux de Neper et de Galilée firent de la mécanique une source abondante de nouvelles fonctions et de courbes pour la mathématique.

2. Les astres médicéens

En novembre 1979, le Vatican décida de réhabiliter Galilée, condamné par l'Inquisition en 1633. À cette époque, Galilée était fortement soupçonné d'hérésie car il soutenait que le Soleil était le centre de l'univers et qu'il ne bougeait pas tandis que la Terre n'était pas le centre de l'univers et qu'elle tournait. On avait déjà parlé de cette réhabilitation lors du IIème concile du Vatican (1962-1965) à l'occasion du 400ème anniversaire de la naissance de Galilée. Cependant, cette tentative échoua car les avis divergeaient.

Les travaux de Galilée (ainsi que ceux de Copernic et de Kepler) furent dès 1835 rayés de l'Index. Le procès de Galilée et son abjuration soulevèrent des passions pendant plus de trois siècles. La preuve en est l'intérêt que lui porta la littérature (voir par exemple la pièce de Bertolt Brecht : *Galilée*).

À la fin du XVIe siècle et au début du XVIIe, le système du monde est une question épineuse. Au IVe siècle avant notre ère, Aristote avait dit que sept astres visibles tournaient régulièrement autour de la Terre, qu'ils étaient fixés à des sphères de cristal (que c'était elles qui tournaient) et que la huitième était remplie d'étoiles immobiles. Aristote classait les planètes de la façon suivante : deux astres (la Lune et le Soleil), deux planètes "néfastes" (Mars et Saturne), deux planètes "bénéfiques" (Jupiter et Vénus) et une neutre (Mercure).

Ni Aristote ni ses successeurs n'expliquaient pourquoi la réalité ne correspondait pas à leur modèle, par exemple lors de l'étonnant mouvement en arrière des planètes lorsque la direction du mouvement apparent s'inverse. Les contradictions s'accumulèrent petit à petit. Au IIe siècle après J.C., Ptolémée construisit un système dans lequel il tâchait de tenir compte des données de l'observation. Il pensait que les planètes se déplaçaient selon des cercles (épicycles) dont les centres eux aussi tournent autour de la Terre. Les nouvelles données ne faisaient que rendre le système encore plus compliqué. Rendons hommage à la ténacité et à l'intelligence des savants qui sauvèrent malgré tout le système de Ptolémée (qui était faux) !

Nicolas Copernic (1473-1543) proposa une solution révolutionnaire. Son système, minutieusement étudié est, dans les grandes lignes, conforme à ce que l'on sait aujourd'hui du système solaire : les planètes, y compris la Terre, tournent autour du Soleil, la Terre a un mouvement de rotation quotidien, la Lune tourne autour de la Terre. Avec cette approche, tout devient plus simple. Cependant certains points, ne correspondant pas aux observations, demeuraient inexpliqués. Copernic pense que le mouvement des planètes se rapproche d'un mouvement circulaire uniforme (comme Aristote) mais il est obligé de faire appel aux épicycles pour expliquer les écarts avec les observations. Kepler, découvrant que les orbites étaient elliptiques, écarte cette explication. Le système de Copernic n'était pas seulement une théorie descriptive basée sur des phénomènes qualitatifs. Il contenait également de nombreux calculs comme la distance du Soleil et des autres planètes, les périodes de révolution… Seule une telle théorie pouvait concurrencer celle de Ptolémée.

Les pythagoriciens avaient déjà émis la possibilité que la Terre tourne. C'est pourquoi l'Église donna le nom de Pythagore à l'enseignement qui affirmait que la Terre se déplaçait. On préférait en effet ne pas citer le nom de Copernic car dans l'avertissement de son ouvrage "Des révolutions des orbes célestes", il était écrit (sans doute par un autre que lui) que ce système n'était guère qu'un schéma mathématique facilitant les calculs astronomiques ; les mouvements étudiés étaient le fruit de l'imagination de l'auteur, ce qui veut dire qu'il ne parlait pas de "vrais" mouvements. Cela n'était pas l'affaire des mathématiciens et la question devait être tranchée par les philosophes et les théologiens en fonction de l'Écriture Sainte. Ce livre était dédié au Pape Paul III. Ce compromis trouvé par l'Église, permit à cet ouvrage de ne pas être déclaré hérétique. On pouvait en effet autoriser les mathématiciens à user de schémas imaginaires dans leurs calculs. Les jésuites astronomes ne faisaient pas exception et ils utilisaient les tables de Copernic, en particulier pour la réforme du calendrier.

L'affirmation selon laquelle la Terre est immobile et que le Soleil, lui, tourne, ne devait pas être remise en question. En ce qui concerne les autres planètes (auxquelles on ne faisait pas allusion dans l'Écriture) l'Église se montrait plus permissive. On fit preuve d'une certaine indulgence envers le système de Tycho Brahé dans lequel le Soleil tournait autour de la Terre et les autres planètes autour du Soleil. En fait, Tycho Brahé abandonna les sphères de cristal et affirma que les comètes n'appartenaient pas au "monde véritable" mais qu'elles venaient de l'extérieur (Galilée avait à ce sujet une autre idée).

Ainsi le modèle de Copernic est-il une fiction mathématique fort commode et l'enseignement des pythagoriciens une hérésie. Galilée n'était pas favorable à ce compromis. Il disait qu'il était impossible "d'arranger" le système de Copernic car il reposait tout entier sur l'affirmation de la mobilité de la Terre et de l'immobilité du Soleil. Il fallait donc le condamner en bloc ou le laisser tel quel. Galilée insistait sur le fait que le mouvement de la Terre n'était pas imaginaire mais bien réel.

Il ne choisit pas le chemin le plus simple dans sa lutte en faveur du système héliocentrique et hésita longtemps avant de publier ses arguments en faveur de ce modèle. Au début du XVIIe siècle, G. Bruno, poète et philosophe fut brûlé pour hérésie. 1610 voit le couronnement de l'activité scientifique de Galilée. Ses vingt années de recherche sur les mouvements naturels (la chute libre et le mouvement d'un corps lancé) aboutissent. Il commence un travail sur ses grandes découvertes puis l'abandonne soudainement. Des événements lui feront reléguer cette publication au second plan. Il pense en effet avoir trouvé des arguments décisifs en faveur de Copernic et il se consacre dorénavant à les propager.

Les premières lunettes

Lorsque l'on s'intéresse à la vie des grands savants, il ne faut pas négliger leur vie privée. L'une des raisons pour lesquelles Galilée quitta Pise pour Padoue était que le salaire y serait plus élevé. Là sa situation matérielle s'améliora. Son salaire de départ de 180 florins augmentait régulièrement (lentement il est vrai). Il tirait en outre des revenus de leçons particulières qu'il donnait à de jeunes aristocrates qui, souvent, logeaient chez lui. Il lui fallait payer la dot de ses sœurs et entretenir une famille toujours plus nombreuse. La jeune république vénitienne paierait sûrement très bien une invention ayant une valeur pratique indubitable. Galilée ne dédaignait pas les travaux techniques. Par exemple, il avait chez lui un superbe atelier et avait, peu de temps auparavant, construit un compas de réduction "géométrique et militaire" très commode dont il avait dirigé la fabrication et la diffusion.

En 1608 apparut en Hollande une lunette permettant de voir avec netteté des objets éloignés. On leur donnait parfois le nom de "nouvelles lunettes". Léonard de Vinci parlait déjà de lunettes permettant de voir la Lune grossie et R. Bacon de lunettes qui donnaient à l'homme la taille d'une montagne. Le lunetier Hans Lippershey et Andriansen se disputèrent l'honneur de la découverte. Début 1609, on pouvait acheter ce "tube" à très bon marché. Vers le milieu de cette année, on pouvait les trouver à Paris. Henri IV se montra pessimiste et ajouta qu'il lui faudrait plutôt des lunettes pour voir de près. À ce moment, un étranger proposa à la république vénitienne de lui vendre une lunette sans donner de détails sur sa provenance. Paolo Sarpi, ami de Galilée, affirma que l'on ne pouvait l'utiliser ni "pour la guerre, si sur Terre, ni sur mer". Les premières lunettes n'étaient pas au point.

Galilée raconte qu'ayant entendu parler de cet instrument à Venise, il rentra à Padoue où il vivait alors et résolut, à partir de données sommaires qui lui avaient été communiquées, le problème de sa construction, en une nuit. Il en fit un second plus perfectionné qu'il apporta à Venise six jours plus tard. Il disait avec emphase avoir construit une lunette si parfaite que les objets que l'on observait semblaient 1000 fois plus gros et 30 fois plus près qu'en réalité.

En fait, les performances de sa lunette étaient plus modestes. La première avait un grossissement de × 3, et la seconde un grossissement linéaire de × 30. Galilée décida d'utiliser sa lunette pour obtenir une réponse positive à sa demande d'augmentation auprès des membres du Sénat et le 21 août, les sénateurs et riches marchands de Venise purent regarder du campanile de Saint Marc les lointains quartiers de la ville. Le 24 août, Galilée offrait pompeusement sa lunette au doge de la ville, Léonardo Donato. Il ne se lassait pas de vanter les qualités de son cadeau, disant qu'il avait trouvé son idée "à partir de considérations secrètes sur la perspective".

On a souvent dit, par la suite, que Galilée avait surestimé sa contribution et parfois même qu'il s'était approprié l'invention d'un autre (comme on le voit dans la pièce de Bertolt Brecht). Galilée a tout du moins toujours reconnu s'être inspiré de l'invention des hollandais. Il soulignera plus tard l'originalité de sa méthode, racontant que l'inventeur du télescope n'était qu'un petit artisan qui fabriquait de simples "besicles". Il aurait, selon lui, inventé le télescope en assemblant par hasard une lentille convexe et une lentille concave. Quant à Galilée, il y serait parvenu par le raisonnement. L'appellation télescope sera proposée par Cesi en 1611 pendant une démonstration de la lunette à Rome. On peut dire que Galilée a prouvé la supériorité de la théorie sur la pratique : pendant longtemps personne ne sera capable de construire une lunette comparable à la sienne (ce qui empêchera pendant des années de vérifier ses observations).

Le "tube" de Galilée produisit l'effet escompté : le sénat lui attribua un salaire annuel de 1000 florins (du jamais vu pour un mathématicien !). Galilée devait fabriquer douze lunettes pour la Signoria, et n'en donner à personne d'autre.

"Le message céleste"

Fin 1609, Galilée observe la Lune et remarque qu'elle "n'est nullement unie, uniforme et exactement sphérique, comme grand nombre de penseurs l'ont cru —tant en ce qui concerne la Lune que les autres corps célestes— mais qu'elle est inégale, accidentée, remplie de nombreuses cavités et éminences tout comme la surface de la Terre". Il s'intéresse d'autre part aux variations de luminosité de la face obscure de la Lune et y voit une réflexion par la Terre de la lumière solaire. À cette époque, l'anglais Harriot et son élève Lower commencent également à étudier les astres au télescope (leurs contemporains ignoraient tout de leurs observations). Lower, dans une lettre adressée à son maître, décrit la Lune comme un gâteau à la confiture "vieux d'une semaine". Léonard de Vinci et Maestlin, maître de Kepler, avaient déjà évoqué la lumière cendrée de la Lune.

Puis Galilée se tourne vers la Voie Lactée et s'aperçoit que c'est un amas d'étoiles : "… En quelque point de la Voie Lactée que vous dirigiez la lunette, vous observez, disséminée et compacte, une foule innombrable d'étoiles".

Enfin, le 7 janvier 1610 il dirige sa lunette vers Jupiter et remarque, à proximité de cette planète, trois nouvelles étoiles disposées "sur une droite parallèle à l'Écliptique" (deux d'entre elles vers l'Orient et une vers l'Occident). Il est persuadé que ce sont des étoiles immobiles mais le lendemain, alors qu'il observe à nouveau Jupiter, il note que les étoiles ne sont plus à la même place : elles sont maintenant toutes du même côté de la planète. On pouvait encore penser que ces trois étoiles étaient immobiles et que ce déplacement s'expliquait par un mouvement de Jupiter. Le 9 janvier, le ciel était couvert de nuages. Le 10 et le 11, Galilée ne voit plus que deux étoiles et voilà que le 13, une quatrième apparaît.

Il lui vient alors une nouvelle idée : ces étoiles se déplacent autour de Jupiter, ce sont ses satellites ("lunes"). À la fin du mois, cette hypothèse devient une certitude. Il écrit alors au prince de Florence, Vinta, qu'il a découvert quatre nouvelles planètes tournant autour d'une autre grande étoile comme Vénus et Mercure et comme peut-être "d'autres planètes connues" tournent autour du Soleil. Galilée voit très bien les implications de sa découverte, aussi emploie-t-il une formule très prudente.

Jusqu'au 2 mars, quand le temps le permet, il observe les satellites de Jupiter et le 12 de ce mois publie *Le message céleste* dans lequel il décrit ses grandes découvertes…

Parallèlement, des tracasseries viennent troubler sa vie quotidienne. Il s'avère que son salaire ne sera pas augmenté avant un an et les obligations de son métier commencent à lui peser. Il songe à partir pour Florence. Le grand-duc Ferdinand de Médicis vient de mourir et Cosme II, ancien élève de Galilée lui succède. La protection du grand-duc pourrait lui être indispensable dans de nombreux domaines et en particulier pour la défense du système de Copernic. Comme il l'écrit dans sa lettre au prince de Florence, ses cartons sont pleins de "merveilleux plans et projets" de publication sur "le système du monde".

Pour l'instant, Galilée propose, par l'intermédiaire de Vinta, de donner aux satellites de Jupiter le nom du grand-duc. Ils furent ainsi appelés "astres médicéens". Qui plus est, Cosme ayant trois frères, à chacun d'entre eux correspondait un satellite. Il dédia son ouvrage *Le message céleste* à Cosme de Médicis.

Ces quatre satellites recevront par la suite un nom (Io, Europe, Ganymède et Callisto) et pour les distinguer des satellites de Jupiter découverts par la suite, on les appellera satellites galiléens.

À Pâques, Galilée part pour Florence en emportant sa lunette afin de permettre au grand-duc de voir "ses" étoiles. Il est entouré d'honneurs, on parle de graver une médaille sur laquelle seraient représentés les astres médicéens, on évoque dans les grandes lignes les conditions de son déménagement et la dénomination de sa fonction. En effet, Cosme est ravi de voir entrer son nom dans l'éternité. Aucun grand de ce monde ne pouvait se vanter d'une telle gloire. Le 14 mai, Galilée reçoit une lettre de France datée du 20 avril dans laquelle on lui demande de découvrir au plus vite un nouvel astre afin que l'on puisse lui donner le nom d'Henri IV. Il y est même précisé que cette étoile devra porter le nom d'Henri sans y ajouter Bourbon. L'auteur de la lettre ne pressait pas Galilée en vain. En effet, pendant que la missive cheminait, Henri IV fut assassiné ! Galilée écrira plus tard que la maison des Médicis avait une chance exceptionnelle car ni Mars ni Saturne n'avaient de satellites (50 ans plus tard, Huygens et Cassini découvrirent les satellites de Saturne et on découvrit par la suite que Mars en avait également).

Le grand-duc commençait à s'inquiéter car le bruit courait que les étoiles que lui avait offertes le savant n'étaient que le fruit de l'imagination de ce dernier ou même qu'elles avaient été enfantées par la lunette elle-même. Clavius, premier mathématicien du Collège romain, partageait cette opinion. La situation était d'autant plus délicate que nul astronome, hormis Galilée, n'avait vu ces fameuses étoiles. Aucun d'entre eux ne disposait de lunette aussi performante. Kepler, Magini et Clavius confirmeront, quelques temps plus tard, cette découverte. Pour l'instant, le départ pour Florence est remis.

Kepler, Magini et Clavius

Galilée, sur la route de Florence à Padoue, s'arrête à Bologne et montre à Magini les étoiles qu'il avait découvertes. Celui-ci, connu aussi bien pour ses dons pour le calcul que pour sa ruse et sa courtoisie, fait mine de ne rien voir, et ne met pas en doute les dires de Galilée.

Dès l'annonce de la découverte de Galilée, Kepler lui envoie une lettre enthousiaste. La nouvelle était parvenue en Allemagne dès la mi-mars. Il le sermonne gentiment pour ne pas avoir répondu à son *Astronomia nova,* qu'il lui avait envoyé récemment, et où il présentait ses deux premières lois.

La première information qu'il avait reçue était confuse et Kepler craignait que Galilée n'ait découvert plus de six nouvelles planètes dans le système solaire. Pour lui, il ne pouvait exister que six planètes puisqu'il n'y avait que cinq polyèdres réguliers.

Son imagination débordante lui fait envisager une nouvelle possibilité : toutes les planètes ont, à l'image de la Terre, une Lune et Galilée devait les découvrir. Il disait que l'on pouvait très bien imaginer que Galilée ait vu quatre Lunes tournant autour de Saturne, Jupiter, Mars et Vénus et que Mercure, étant la planète la plus proche du Soleil, les rayons de ce dernier empêchaient de déceler sa Lune. Kepler cherche partout des régularités numériques. Puis, il pense à des planètes qui tourneraient autour d'étoiles "immobiles" et non pas autour du Soleil. Se souvenant des travaux de Giordano Bruno, il envisage la possibilité de découvrir de nombreuses autres planètes.

Pendant ce temps Rodolphe II (Kepler était astronome de l'empereur) reçoit le *Message céleste.* Kepler admet sans discuter ce que dit Galilée. En effet, disait-il, pourquoi un savant si éminent prétendrait-il avoir vu quelque chose qu'il n'a pas réellement vu et qui plus est, va à l'encontre de l'opinion établie.

Soucieux de trouver une régularité dans la répartition du nombre des satellites des planètes, il écrit à Galilée qu'il veut posséder une lunette qui lui permette de le devancer dans la découverte de nouveaux satellites. D'après Kepler, il doit y en avoir deux pour Mars, six ou huit pour Saturne, auxquels il faut peut-être ajouter un ou deux autour de Vénus et de Mercure (il hésite entre la suite arithmétique ou la suite géométrique).

Kepler espère que le Soleil est plus brillant que les autres astres et veut croire à l'unicité de notre monde. Il pousse la fantaisie jusqu'à imaginer la présence d'habitants sur la Lune ou sur Jupiter.

Magini tentera de lui faire adopter son point de vue mais il reste inflexible. La réponse de Kepler au *Message céleste* avait donné espoir à Magini qui ajoutait qu'il ne restait plus qu'à chasser les quatre satellites de Jupiter et à les supprimer. En mai 1610, un astronome, collègue de Magini, écrit un pamphlet contre Galilée dans lequel il affirme que les satellites de Jupiter ne sont qu'une illusion d'optique. En fait, la position de Kepler varie : d'un côté, il s'étonne dans une lettre envoyée à Galilée de l'insolence de ce jeune effronté et de l'autre, il exprime au confrère de Magini son étonnement devant ses doutes mais lui affirme qu'il doit conserver sa liberté de penser.

Kepler commence en effet à s'inquiéter de l'absence de confirmation : il n'a toujours pas de lunettes assez puissantes, à l'université de Bologne l'inspection de Magini a conclu que ces étoiles n'étaient pas visibles dans la lunette de Galilée… En août, inquiet, il écrit à Galilée pour l'avertir que de nombreuses lettres de savants italiens parviennent à Prague et qu'il lui faut sans retard trouver des témoins. Heureusement, Rodolphe II, dont le goût pour la science est célèbre, s'enthousiasme pour cet instrument. À Prague apparaît enfin une lunette avec laquelle Kepler, en septembre, pourra voir les satellites de Jupiter. Les observateurs qui s'étaient réunis dessineront chacun de leur côté la disposition de ceux-ci et confronteront leurs dessins. Galilée tu as gagné ! s'écriera Kepler.

À Venise, toujours en septembre, ce sera au tour de Santini de les voir. Puis en décembre, Clavius (qui dira cependant ne pas pouvoir encore affirmer si ce sont des planètes). Galilée s'installe à Florence où il entre en correspondance avec Clavius (il était impossible, habitant la république vénitienne, d'écrire à des jésuites). Clavius félicite Galilée pour sa découverte et ce dernier trouvera comment apaiser Magini : il recommanda ses travaux sur les miroirs ardents au grand-duc et lui fit obtenir une chaire qui venait de se libérer à Padoue. Le prudent Magini reconnut alors le témoignage de Santini. Que demander de plus ?

Une année de grandes découvertes

1610 fut pour notre astronome une année fertile. Le 25 juillet, Galilée observe une nouvelle fois Jupiter et sa suite. Puis il fait une nouvelle découverte extraordinaire. Il demande qu'on la garde secrète jusqu'à sa publication (il craignait qu'on ne lui ravisse la priorité) et la cache sous l'anagramme SMAISMRMIMLEPOETALEVMIBVNENVGTTAVIRAS qui voilait une phrase latine signifiant : "J'ai observé la plus haute planète (Saturne) et je l'ai trouvée triple". Il l'expédia à Kepler. Plus tard il écrira : "J'ai trouvé toute une cour à Jupiter et deux serviteurs au vieillard (Saturne), ils le soutiennent et ne s'éloignent jamais de ses côtés".

Pendant cinq mois, il gardera son secret. Kepler et Rodolphe II étaient très impatients de connaître sa découverte. Galilée la dévoilera en ajoutant qu'à travers une lunette plus faible, Saturne avait la forme d'une olive. Ainsi Kepler dans l'avertissement de sa *Dioptrique* parle-t-il de la découverte de Galilée.

Deux ans plus tard Saturne n'était plus triple. Galilée explique ce phénomène par le mouvement de la planète autour du Soleil et annonce qu'on pourra bientôt la voir à nouveau triple. Sa prédiction se réalisa mais il ne parvint pas à percer le mystère de Saturne. En 1655, C. Huygens observant cette planète avec un grossissement de 92 s'aperçut qu'elle était entourée d'un anneau qui, vu avec des lunettes plus faibles, pouvait être pris pour des étoiles latérales. Cet anneau était indécelable lorsque l'observateur y faisait face. Galilée eut la chance de voir ce phénomène rare. Ainsi, avec l'amélioration des télescopes, la forme de Saturne se transformera d'olive en globe entouré d'un anneau. On doit également à Huygens la découverte du plus grand satellite de cette planète : Titan.

Peu de temps après que Galilée ait envoyé ses anagrammes à Kepler, on apprit de nouvelles choses sur d'autres planètes. Depuis longtemps, Galilée regardait avec attention Vénus, étudiant quand elle était "étoile du matin" et quand elle devenait "du soir". Vénus et Mercure causaient bien du souci aux partisans de Ptolémée tout comme à ceux de Copernic. Les premiers n'arrivaient pas à s'entendre sur la place des sphères de Vénus et Mercure : à l'intérieur de la sphère du Soleil ou à l'extérieur ? Les seconds considéraient que si ces planètes, situées entre le Soleil et la Terre, étaient "ténébreuses", on devrait pouvoir observer des phénomènes rappelant les phases de la Lune. Le problème ne se posait pas si l'on supposait que ces planètes émettaient une lumière propre (c'est ce que pensait Kepler) ou si elles étaient transparentes (ce qui fut envisagé). Peut-être le télescope permettrait-il de voir ce que l'œil nu n'apercevait pas ?

B. Castelli écrivait le 5 décembre 1610 à Galilée que si Vénus tournait autour du Soleil comme l'affirmait Copernic, elle devrait apparaître parfois comme un croissant et parfois entière à moins que les "cornes" ne soient trop petites ou que les rayons du Soleil n'empêchent l'observation de ces changements. En fait, dès le 10 décembre, Galilée avait envoyé à Kepler, par l'intermédiaire de l'ambassadeur toscan J. de Médicis, un message codé dans lequel il disait avoir découvert les phases de Vénus. Kepler comme toujours était impatient de savoir ce que cachait le message.

Cependant, ce fut Clavius qui eut la primeur de ce secret. Galilée venait de recevoir une lettre de lui l'informant que les astronomes du Collège romain examinaient les satellites de Jupiter et la forme allongée de Saturne. Le soutien du Collège romain était très important pour Galilée et il fit aussitôt part de sa découverte. Dans la lettre adressée à J. de Médicis, datée du 1er octobre 1611, il dit en parlant de l'apparition de Vénus le soir : "Je la vis donc d'abord de figure ronde, nette et entière, mais très petite. Elle se maintint en cette forme jusqu'au jour où elle commença à s'approcher de sa plus grande digression… elle commença ensuite à perdre son contour circulaire dans sa partie orientale, la plus éloignée du Soleil… jusqu'à l'occultation complète". Il prédit la forme que revêtirait cette planète quand elle apparaîtrait le matin et conclut que Vénus, tout comme Mercure probablement, tourne autour du Soleil qui, sans aucun doute, est le centre des plus grandes révolutions de toutes les planètes.

Ainsi se termine pour Galilée l'année des grandes découvertes astronomiques. Il n'abandonnera pas ses recherches mais dans l'ensemble elles ne seront que la continuation de ce qu'il a observé en 1610. Il continue à s'intéresser aux taches solaires et vers 1613 remarque la rotation axiale du Soleil. À la fin de sa vie, avant qu'il ne soit complètement aveugle, il découvrit le phénomène de libration de la Lune. Cependant, il accorda moins de temps à l'amélioration de la lunette et aux observations. Il faudra attendre un demi-siècle pour que l'on fasse en astronomie d'observation des découvertes comparables aux siennes. Pour l'instant, Galilée part pour Rome, avec d'autres problèmes à l'esprit.

La conquête de Rome

Il arrive à Rome le 16 mars 1611. Il y est fort bien reçu par le grand-duc toscan (il se déplace dans la litière du grand-duc et réside au palais des Médicis). Les astronomes du Collège romain l'accueillent très chaleureusement et Galilée remarque que les jésuites ne cessent d'observer les satellites de Jupiter et tentent d'en déterminer les périodes. Le 21 avril, le cardinal Bellarmin leur demande officiellement de se prononcer sur les nouvelles observations célestes d'un mathématicien célèbre (dont il tait le nom) sur la Voie Lactée, Saturne, la Lune et les satellites de Jupiter. Le 24 avril, la réponse arrive et confirme à peu près les observations de Galilée. Il y est fait mention de petites différences (les étoiles formant Saturne ne leur semblent pas distinctes) mais également de divergences importantes en ce qui concerne ce qu'on voit sur la Lune (ce ne sont pas des montagnes mais une densité irrégulière "du corps de la Lune").

Le 14 avril Galilée est admis à l'Académie Dei Lincei fondée huit ans auparavant par F. Cesi, marquis de Monticelli. Cette académie s'était donné pour but l'étude libre et sans limites de la nature. Cesi écrivit à Galilée que ceux qui y siégeraient ne seraient pas esclaves d'Aristote ni d'aucun autre philosophe mais soumis à un mode de pensée noble et libre. L'amitié de Cesi joua par la suite un grand rôle dans la vie de Galilée. Il signe dorénavant ses travaux du nom de "Galileo Linceo".

Le Collège romain rend hommage à Galilée qui est qualifié d'astronome "le plus heureux et le plus célèbre de tous". Il s'émerveille de ses découvertes mais indique cependant que les explications qu'il donne des phénomènes observés ne sont pas les seules possibles. On donne à comprendre à Galilée qu'il ne doit pas dépasser certaines limites et on lui demande de se contenter de la gloire que lui ont apporté ses observations de la Lune, des quatre planètes mais de ne pas défendre une interprétation contraire à la raison humaine. Il semblerait également que le cardinal Bellarmin l'ait mis en garde.

Cela mis à part, le voyage de Galilée fut une réussite. Le cardinal Del Monto écrivit au grand-duc que le voyage de l'astronome à Rome avait procuré beaucoup de satisfactions et qu'en retour, le savant avait eu le plaisir de présenter ses travaux. Toutes les personnalités et savants de la ville les considéraient comme "incontestables, authentiques et fort étonnants". Le cardinal ajoute que s'il vivait dans l'ancienne Rome, on lui aurait sûrement érigé une statue.

Premier mathématicien philosophe auprès du grand-duc

Il fallut ainsi à peine un an pour que les découvertes astronomiques de Galilée soient reconnues. Il ne faut pas pour autant croire que la conclusion du Collège romain ait mis fin aux accusations portées contre Galilée. Il se trouvait encore des gens pour nier l'existence des nouvelles planètes et la méfiance envers les lunettes subsistait. L'argumentation n'était pas toujours fantaisiste (pour l'époque du moins). Un certain Cicci disait que la lunette était comparable à des "besicles", or celles-là ne vont pas indifféremment aux jeunes et aux vieillards et comme les uns et les autres voyaient ces planètes avec la lunette de Galilée, ce ne pouvait être qu'une illusion. Libri de Pise refusait purement et simplement de s'en servir et à sa mort, Galilée exprima le souhait qu'il vît, en montant au ciel, ces planètes qu'il n'avait jamais voulu regarder de la Terre. De plus, de nombreux adversaires de Galilée le dénonçaient à l'Inquisition en disant que ses travaux étaient contraires à l'Écriture.

Mais si tout se passait relativement bien pour les phénomènes aisément vérifiables, il en allait autrement pour le soutien des idées coperniciennes. Dans le *Message céleste,* Galilée promettait de publier le *Système du monde* dans lequel il fournirait une multitude de preuves en faveur du mouvement de la Terre. La reconnaissance de Rome lui avait montré que ses raisonnements n'avaient pas un soutien unanime, mais Galilée ne renonce pas et entame une longue lutte. Il se rend parfaitement compte que pour faire admettre Copernic, il faut d'abord convaincre les grands de ce monde, ce qui exige d'immenses efforts et le détourne de ses activités scientifiques. De nombreux savants ont mis en doute le bien-fondé de cette décision. À ce sujet, l'opinion d'Einstein est bien connue. Il ne comprenait pas pourquoi Galilée avait mené ce combat et sacrifié les dernières années de sa vie. Sa bataille avec les religieux et les politiques ne correspondait pas à l'idée qu'il se faisait du savant et il ne se voyait pas faire pour la théorie de la relativité ce que Galilée avait fait pour le système héliocentrique. Cependant, Galilée était loin d'être le Don Quichotte de la science auquel le comparait Einstein. Il ne s'est pas tant battu contre les religieux et les politiques, il les a plutôt mis de son côté, avec doigté.

Il est intéressant de voir que les pythagoriciens qui, les premiers, avaient émis l'hypothèse du mouvement de la Terre, pensaient également qu'il ne fallait pas vouloir ni espérer s'élever aux yeux de la foule ni rechercher l'approbation des "philosophes-bibliophiles" mais au contraire se contenter de savoir quelque chose pour soi-même.

La tradition voulait que les mathématiciens ne se prononcent pas sur la conception du monde, ils devaient seulement observer les astres et établir des tables afin de les utiliser pour les horoscopes. Galilée (contrairement à Kepler) n'aimait pas faire d'horoscopes mais cela lui arrivait. Peu de temps avant son départ pour Florence il tira, à la demande de la grande duchesse, l'horoscope du grand-duc Ferdinand (père de Cosme II) qui était alors malade. L'horoscope prédisait une amélioration de la santé du grand-duc. Radieux, il offrit au beau-frère de Galilée le poste auquel il postulait et… mourut quelques jours plus tard. Pour pouvoir aborder la question de la conception du monde, il fallait être au moins philosophe (leur salaire était d'ailleurs plus important que celui des mathématiciens) et de surcroît théologien dès que l'on touchait au domaine de l'Écriture Sainte. S'il ne pouvait être théologien, Galilée pouvait tout du moins essayer de devenir philosophe.

C'est pourquoi, alors qu'il est sur le point de déménager pour Florence, Galilée discute longuement du titre de sa future charge. Il veut que le mot philosophe y figure car il a, affirme-t-il, passé plus de temps à étudier la philosophie que la mathématique pure. Il reçoit ainsi le nom de "premier mathématicien et philosophe du grand-duc" (mais pas de premier philosophe).

Dès son arrivée à Florence, il se prend de bec avec les philosophes conservateurs de l'université de Pise (adeptes d'Aristote) qui considèrent qu'il ne faut pas chercher la vérité dans la nature mais dans la confrontation des textes... Il ne se contente pas de parler d'astronomie. En 1612, il publie le *Discours sur les corps flottants* qui est consacré à l'hydrostatique. Son ouvrage fut très mal accueilli par les péripatéticiens. Un an plus tard paraissent ses *Lettres sur les taches solaires* qui, à son avis, doivent mettre fin à la pseudo-philosophie. Galilée criait victoire un peu tôt.

Il est de plus en plus souvent amené à discuter avec des non-scientifiques et à perdre son temps. La lutte devient âpre : il est violemment attaqué en chaire par le dominicain Caccini qui propose de chasser tous les mathématiciens des états catholiques.

En 1614, Galilée envoie une lettre à Castelli dans laquelle il aborde de manière directe les rapports entre la science et la religion, affirmant que, dans le domaine des phénomènes physiques, l'Écriture Sainte n'a pas de juridiction. C'est vraisemblablement cette lettre qui le fera dénoncer à l'Inquisition. On ne peut cependant relever dans cette lettre que trois passages "subversifs" alors même que deux d'entre eux ne figuraient sans doute pas dans l'original (que l'Inquisition ne parvint jamais à obtenir). En février 1615, le carmélite P. Foscarini crut bien faire en publiant une brochure qui voulait démontrer qu'en réalité les passages de l'Écriture qui servaient d'arguments contre la théorie de Copernic pouvaient au contraire la servir. Le cardinal Bellarmin essaya d'enrayer l'affaire en écrivant une lettre quasi publique où, tout en reconnaissant l'intérêt pratique du système héliocentrique pour le calcul astronomique, il déclarait qu'il était follement imprudent de l'ériger en vérité physique. Fin 1615, Galilée se rend à Rome pour essayer de conjurer une décision fâcheuse. En effet, il n'avait pas encore perdu tout espoir de faire changer d'avis l'Église.

Le décret de 1616

Galilée est maintenant entre les mains de la diplomatie. Il rend régulièrement visite à Bellarmin et tente de faire adopter son point de vue par le cardinal Orsini auquel il révèle son principal argument en faveur du mouvement de la Terre : les marées. Il les explique par l'interaction du mouvement quotidien et orbital de la Terre. Les autres explications qu'il fournit rendent le système de Copernic très vraisemblable mais, comme on s'en apercevra plus tard, sa preuve maîtresse (les marées) était fausse.

Le 24 février, une commission composée de onze théologiens déclare que l'affirmation du mouvement de la Terre est contraire à la Foi et Galilée en est informé par le cardinal Bellarmin. Le 5 mars 1616, l'œuvre de Copernic est mise à l'Index par décret de l'Inquisition. C'était une décision presque symbolique. On entendait couper quelques phrases et corriger les passages où l'auteur appelait la Terre un astre (seuls le Soleil et la Lune sont des astres !). L'ambassadeur toscan s'inquiète de l'entêtement de Galilée mais espère qu'il n'aura pas à en souffrir. À ce moment-là, le bruit courait que l'on avait exigé l'abjuration de Galilée mais Bellarmin publia une attestation réfutant les rumeurs et expliquant qu'on avait simplement demandé au savant de ne pas soutenir une théorie contraire à l'Écriture. Ce n'était pas encore une condamnation mais un avertissement très ferme.

L'attente

Galilée se soumet au décret et quitte Rome mais cette obéissance n'est qu'apparente. Il envoie à Léopold d'Autriche (frère de la grande duchesse toscane) son ouvrage sur les marées qui, écrit-il, prouvent le mouvement de la Terre. Mais, ajoute-t-il, tout cela n'est bien sûr qu'invention "poétique"…

Il est difficile de croire que cet homme puisse accepter de ne plus jamais parler du mouvement de la Terre. En fait, il attend que la situation évolue. En 1623, le cardinal Barberini, homme cultivé, protecteur des sciences et admirateur de Galilée, devient pape sous le nom d'Urbain VIII.

Notre astrologue semble alors reprendre espoir. En 1623, il publie *L'essayeur*, recueil consacré aux comètes, qui répond à l'ouvrage de son confrère du Collège romain, Grassi. Il n'y aborde pas directement le sujet interdit mais il se rattrapera dans le livre suivant *Lettre à Ingoli* écrit en 1624 qui fait écho à l'essai de F. Ingoli paru en 1616 (où l'auteur critique le système héliocentrique). Galilée mit huit ans à répondre. Ce petit ouvrage contient des pages explosives (et de nombreuses !). On y trouve une remarquable explication de la loi de l'inertie, des raisonnements sur les étoiles immobiles, qu'il compare au Soleil, et l'évocation des dimensions de l'Univers.

Pour ce dernier point, il ne fait pas allusion à un "huitième ciel" d'étoiles immobiles qui marquerait les limites du monde. Il dit ne pas avoir d'arguments permettant de juger si le monde est illimité ou non, mais il admet que seule une petite partie en soit accessible à l'homme…

Au printemps 1625, Galilée revient à Rome pour parler avec le pape et apprécier la situation. Il aura six entrevues avec Urbain VIII, sera fort bien reçu par la famille Barberini et s'entretiendra avec plusieurs cardinaux. Malheureusement, le pape soutient fermement le décret de 1616 et Galilée se rend compte qu'ils ne parlent pas la même langue. Il est difficile de réfuter des arguments religieux. Il décide de repartir. Le grand-duc toscan Ferdinand II (Cosme II est mort) reçoit un message d'Urbain VIII dans lequel ce dernier exprime sa satisfaction et vante les qualités du savant florentin.

"Le système du monde"

Dès son retour, Galilée décide d'écrire l'ouvrage en faveur du système de Copernic dont il rêvait déjà en 1597 lorsqu'il écrivait à Kepler. Il a alors soixante ans et sa santé est déclinante. Il était bien entendu hors de question de se prononcer ouvertement en faveur du système héliocentrique après le décret de 1616, mais Galilée est habitué à ruser.

Le modèle de Copernic n'avait pas été déclaré hérétique et le cardinal Bellarmin lui-même se permettait d'en parler comme d'une supposition. Galilée choisit donc de donner une nouvelle fois à son œuvre la forme d'un dialogue. Ses personnages, Salviati, Sagredo et Simplicio discutent sans parti pris du système du monde. Les deux premiers portent le nom d'amis défunts du savant et le nom du troisième est inventé (le partisan d'Aristote).

Galilée travaillera pendant plus de cinq ans à cet ouvrage. En 1630, les quatre premiers jours du dialogue sont finis (il voulait à l'origine le faire durer six jours) : le premier jour, il traite de l'éventuel mouvement de la Terre, le deuxième de sa rotation quotidienne, le troisième de son mouvement annuel et le dernier jour des marées. Il décide alors de s'arrêter là et d'appeler son livre *Dialogue sur le flux et le reflux*. Au printemps de 1630, il apporte son manuscrit à Rome.

C'est ce que l'on pourrait appeler un ouvrage de vulgarisation. Il s'adresse à un large public et ne veut pas seulement convaincre les savants. C'est entre autre pour cela que Galilée ne fait pas allusion aux données chiffrées de l'observation : les planètes tournent régulièrement sur des cercles dont le centre est le Soleil (ce qui ne correspond pas à la réalité). En cela, il est en retard sur Kepler et s'éloigne des questions qui tourmentaient Copernic. L'astronomie de précision n'est pas son fort.

Il obtient une audience du pape et rencontre de nouveau de nombreux cardinaux. Urbain VIII n'est pas défavorable à ce livre mais précise bien qu'il ne doit pas donner l'impression au lecteur d'être obligé de choisir l'un des deux modèles. Il doit également affirmer clairement l'immobilité de la Terre. De plus, le titre devra être changé. Galilée promet d'exaucer tous ces souhaits dans l'introduction et la conclusion qui ne sont pas encore rédigées. Le manuscrit est alors transmis à la censure qui, au contraire de Galilée, n'est pas pressée.

La suite ressemble à un roman policier dans lequel Galilée et ses amis feront des miracles d'ingéniosité pour que le *Dialogue* soit publié. Le secrétaire du pape alla jusqu'à risquer sa carrière pour obtenir l'autorisation préalable à sa parution. Le livre devait être imprimé à Rome mais à force de subterfuges (invocation de la maladie de Galilée, de la peste qui ravageait l'Italie…) les amis du savant obtinrent qu'il soit publié à Florence.

Le 22 février 1632, le grand-duc Ferdinand II reçut en cadeau le premier exemplaire de cet ouvrage. Dans l'avertissement au lecteur, Galilée explique les raisons pour lesquelles il produit des arguments en faveur du système de Copernic et mentionne le décret qui, pour éviter de dangereux débats, interdit l'hypothèse pythagoricienne du mouvement de la Terre.

Le procès et l'abjuration

Il semblerait que ce soit Urbain VIII qui ait pris l'initiative de poursuivre Galilée. Pourquoi ce retournement ? Il est certain que le

Dialogue sur les deux principaux systèmes du monde (tel était le titre intégral de cette œuvre. —NDT) vit le jour à un moment difficile pour Urbain VIII. En effet, il y avait à Rome une forte opposition espagnole qui tentait de faire destituer le pape et ce dernier craignait qu'on ne l'accuse de soutenir un savant "fortement soupçonné d'hérésie".

On a également dit qu'Urbain VIII s'était reconnu sous les traits de Simplicio. De plus, Galilée, dans son introduction, dit que ce personnage, contrairement aux deux autres, ne porte pas son vrai nom. Peut-être le pape avait-il trouvé une ressemblance entre les propos de Simplicio et ceux qu'il avait autrefois tenus à Galilée.

En août 1632, la Curie papale interdit la diffusion du *Dialogue*. En septembre, l'affaire est transmise à l'Inquisition. Les amis de Galilée, dont le grand-duc toscan, tentent d'éviter que l'affaire ne soit portée devant le tribunal, afin qu'elle soit examinée à Florence ; ils tâchent de retarder les débats. Toutes ces tentatives échouèrent.

Craignant d'être emmené les fers aux pieds, Galilée va à Rome et le 12 avril se présente devant le commissaire général de l'Inquisition. D'interminables débats commencent alors. On tente de trouver un compromis. Le Saint Office accuse l'ouvrage de Galilée de violer le décret de 1616 et de diffuser la doctrine défendue. Le 22 juin, Galilée, qui a alors soixante dix ans, est condamné. Il est "fortement soupçonné d'hérésie" et son livre est interdit. Il sera emprisonné au Saint Office (les personnes soupçonnées d'hérésie n'étaient pas brûlées comme les hérétiques) et devra dire, une fois par semaine, sept psaumes de repentir. Il dut prononcer la formule d'abjuration : "Moi, Galilée, dans la soixante-dixième année de mon âge, à genoux devant vos Éminences, ayant devant mes yeux la Sainte Écriture que je touche de mes propres mains, j'abjure, je maudis et je déteste l'erreur et l'hérésie du mouvement de la Terre…"

Sans doute Galilée regrettait-il à cet instant d'avoir quitté la république vénitienne où il était intouchable et d'avoir surestimé les pouvoirs du grand-duc toscan. Cependant, il n'aurait jamais pu faire publier son ouvrage à Venise.

La peine de prison sera commuée en assignation à résidence. Il habitera tout d'abord dans le palais romain des Médicis puis, deux semaines plus tard, il sera envoyé à Sienne, chez l'archevêque Piccolomini et six mois plus tard, il obtiendra l'autorisation de s'installer à Arcetri où vivaient ses deux filles et où il passera les huit dernières années de sa vie. Il est sous la surveillance constante de l'Inquisition qui contrôle ses liaisons avec le monde extérieur. Urbain VIII ne montrera aucune charité envers le savant disgracié, pas même le jour de sa mort. Le grand-duc devra renoncer à faire enterrer Galilée aux côtés de Michel-Ange (ce n'est que quelques années plus tard que ce souhait sera exaucé).

Aujourd'hui encore, certaines personnes se demandent s'il avait le droit d'abjurer la théorie de Copernic. D'aucuns ont prétendu qu'il avait eu peur de la torture et du bûcher, d'autres qu'il avait le sentiment d'avoir rempli sa mission ou encore qu'il voulait consacrer les années qui lui restaient à reprendre ses recherches…

L'astronomie lui étant désormais interdite, Galilée retourne à son traité sur la mécanique. C'est à ce moment là qu'il confie à son fils Vicenzio le soin de construire une horloge à pendule. Alors qu'il achève son ouvrage sur la mécanique, il ne voit déjà plus que d'un œil. Il continue cependant à regarder dans son télescope et à observer les phases de la Lune. En 1637, il est complètement aveugle…

Le calcul de la longitude

Fin 1635, Galilée donne son avis sur la méthode de Morin pour déterminer la longitude d'un pays en observant le mouvement de la Lune. Cette méthode était dénuée de tout fondement mais des personnages importants s'y intéressaient. En effet, au XVIIe siècle, âge d'or de la navigation, le calcul de la longitude à bord d'un navire était une question d'actualité. Aujourd'hui, on a tendance à oublier que les marins de l'époque partaient pour de longs voyages sans disposer de moyen fiable de mesurer les coordonnées de leur bateau en haute mer. Cela ne concerne pas la latitude que l'on savait déterminer dès le XVIe siècle (par exemple d'après la hauteur du Soleil à midi). Pour la longitude, il en allait autrement et les puissances maritimes offraient de fortes sommes à qui trouverait le moyen de calculer (à un demi degré près) la longitude. Ainsi, Philippe II d'Espagne offrait 100 000 écus, Louis XIV 100 000 livres, le Parlement anglais 20 000 livres et la Hollande 100 000 florins. Ces chiffres témoignent de l'intérêt que l'on portait à la question.

Cette idée remonte à Hipparque (IIe siècle avant J.C.). La différence de longitude entre deux points du globe est proportionnelle à la différence des heures locales entre ces deux mêmes points. Si la différence de longitude est de 15°, le décalage horaire est d'une heure (360° ÷ 24 = 15°). Il suffit ainsi de mesurer l'heure qu'il est sur le navire et l'heure en un point donné (le port d'embarquement par exemple). On peut "réellement" mesurer l'heure à bord du navire mais comment se rappeler celle du port d'embarquement. Pendant longtemps, personne ne pensera à la "conserver". Les jours "perdus" lors du voyage autour du monde de Magellan en sont un exemple frappant. De surcroît, il n'y avait pas d'horloges qui auraient pu "fixer" cette heure, surtout avec le roulis du navire.

La seconde possibilité était d'utiliser des phénomènes astronomiques observables à bord du bateau et dont on connaissait l'heure d'apparition au port d'embarquement. Les éclipses du Soleil et de la Lune étaient rares. Les tables de la Lune étaient tellement incomplètes qu'elles ne permettaient pas de calculer la longitude à partir d'observations quotidiennes de cet astre (ce qu'avait essayé de faire Morin). Galilée mit alors tous ses espoirs dans les astres médicéens.

Dès 1610, il avait noté qu'ils présentaient de fréquentes éclipses. Si l'orbite de la Lune ne présentait pas cette inclinaison vers celle de la Terre, la Lune se trouverait à chaque "pleine lune" dans le cône d'ombre projeté par la Terre. Les satellites de Jupiter "tombent" dans ce cône d'ombre à chaque révolution et ils tournent relativement rapidement (Io fait une révolution complète en 42,5 heures terrestres). Galilée décide donc de s'en servir pour calculer la longitude à bord d'un navire.

Il entame des pourparlers avant même d'avoir mis au point sa méthode. Il songe d'abord à la proposer à l'Espagne mais change d'avis et s'adresse à la Hollande où son idée soulève un grand intérêt. En 1636, il a des entretiens secrets avec les États Généraux hollandais qui, en août, lui demandent de fournir les documents nécessaires à l'étude de sa proposition…

Une commission comprenant entre autre un amiral, un astronome et mathématicien et un membre du conseil d'État, Constantin Huygens (père de Christiaan Huygens), est formée. Ils ne pensent pas que l'idée de Galilée soit réalisable. De plus, la Hollande manque de bons télescopes et fin 1637, Galilée, totalement aveugle, envoie sa lunette en Hollande afin que l'on puisse s'assurer de la véracité de ses allégations. Cependant, pour observer les satellites, il faut disposer, en outre, de tables dont l'établissement est complexe (la simple détermination des périodes de révolution de ces satellites exigera beaucoup de temps).

Or, l'astronomie de précision n'a jamais été le point fort de Galilée. Sa cécité lui interdit maintenant toute observation et il confie au moine V. Renieri, astronome chevronné, le soin de trouver les éphémérides des satellites de Jupiter. Les calculs traînent en longueur. Renieri n'établira jamais ces tables.

Galilée doit rencontrer un astronome chargé par les États Généraux de Hollande de préciser les détails indispensables et de remettre au savant une chaîne en or. L'Inquisition ne voit pas l'affaire d'un bon œil et Galilée, était-ce de son propre chef ou sur ordre de l'Inquisition, refuse l'entrevue avec cet envoyé ainsi que le cadeau. Castelli qui n'avait jamais pu obtenir de rencontrer le savant disgracié se voit autorisé à lui parler afin d'éclaircir les particularités de sa méthode. Mais les forces quittent Galilée qui sent qu'il ne verra jamais la réalisation de son idée. Ce n'est que beaucoup plus tard que l'on saura mesurer la longitude, mais on utilisera alors des horloges marines précises.

Buste de Galilée, XVIème siècle.

Galilée à la fin de sa vie réaffirmera la supériorité du système héliocentrique par rapport à ceux d'Aristote et de Ptolémée en faveur desquels, disait-il, il existait peut-être des arguments mais qui, à la différence des raisonnements en faveur de Copernic, n'étaient pas accessibles à l'homme.

Épilogue

Chez Galilée, la mécanique céleste était relativement naïve (à la différence de sa mécanique terrestre) et proche des idées d'Aristote. Il pensait par exemple que les corps célestes se déplaçaient par inertie (et non pas sous l'action de forces constantes). D'autre part, il considérait l'hypothèse de l'influence de la Lune ou du Soleil sur certains phénomènes terrestres comme "un anachronisme de l'astrologie". Toujours selon lui, les corps célestes avaient un mouvement giratoire régulier (ce qui est en contradiction avec le principe "terrestre" de l'inertie).

Il s'intéressait surtout au mouvement "réel" de la Terre (mouvement absolu) ; il voulait le prouver expérimentalement. Comme les phénomènes terrestres devaient fournir cette preuve, les principes d'inertie "terrestre" et "céleste" devaient forcément entrer en conflit. Il réfuta l'affirmation de Tycho Brahé, reprise par Ingoli, qui disait qu'une série de phénomènes devraient permettre de déceler ce mouvement à bord d'un navire *(cf. Lettre à Ingoli —NDT)*. Dans le même temps, il réaffirme l'existence de phénomènes terrestres prouvant le mouvement de la Terre (les marées). Cependant, il ne dit pas en quoi le mouvement hypothétique de la Terre se distingue de celui d'un navire qui est impossible à déceler en l'absence d'un repère extérieur.

Rappelons que ces phénomènes devaient découler du mouvement de la Terre qui se fait par inertie (sans l'action de forces agissant à distance). Galilée ne voit pas ici de contradiction. Comme nous l'avons déjà dit, son principal argument en faveur de cette théorie était erroné.

Le père de la loi de l'inertie était loin de saisir le caractère relatif du mouvement. Huygens contribuera beaucoup à éclaircir cette question. Newton, à la différence d'Huygens, considère que la rotation est absolue.

Les découvertes astronomiques de Galilée marquèrent le début d'une ère nouvelle pour cette discipline. Les satellites de Jupiter n'y furent pas étrangers. Il fallut plus d'un demi-siècle pour parvenir à calculer leurs périodes. Il fut encore plus difficile de déterminer leur distance de Jupiter. En 1686, I. Newton, qui écrivait alors les *Principes mathématiques de la philosophie naturelle*, put constater que la troisième loi de Kepler

$$T^2 \sim R^3,$$
($\sim$: proportionnel)

T étant ici la période de révolution et R la distance de Jupiter) pouvait s'appliquer aux satellites de Jupiter quoiqu'il fallût préciser les données.

En 1789, Laplace élabora une théorie très précise des satellites de Jupiter et établit que le temps de révolution du premier satellite plus le double du temps de révolution du troisième est égal au triple du temps de révolution du second. Cependant, c'est à Olaüs Römer, dont nous allons parler maintenant, que nous devons l'une des grandes pages de l'étude de ces satellites.

APPENDICE

Olaus Römer (1644-1710)

Les observations de J.D. Cassini

Des progrès énormes sont faits dans les télescopes. Celui de Huygens avait un grossissement × 92 et en 1670, l'Observatoire de Paris en possède un de × 150. Cet observatoire est dirigé par l'astronome italien J.D. Cassini. Ce dernier découvrit quatre nouveaux satellites à Saturne en plus de celui de Huygens (Titan) et les deux anneaux de cette planète. Il prouva la rotation axiale de Jupiter et de Saturne et mesura avec une précision étonnante pour l'époque, la distance séparant la Terre de la Lune.

Comme nous l'avons déjà dit, en ce milieu de XVIIe siècle, le calcul des périodes de révolution des satellites de Jupiter occupait une place importante en astronomie. Ce calcul est relativement simple si l'on connaît exactement le moment des éclipses de ces satellites. Inversement, connaissant leurs périodes, il est facile de prévoir leurs éclipses. En 1672, Cassini établit très précisément les éclipses de Io et remarque avec étonnement que les périodes de ce satellite varient comme si l'éclipse était parfois "en retard" et parfois "en avance". La plus grande différence obtenue est de 22 minutes (pour un temps de révolution de 42,5 heures). Il semblerait qu'il ait disposé des horloges à pendule de Huygens que l'on commençait alors à utiliser en astronomie. Personne ne trouvait d'explication satisfaisante à ce phénomène.

En 1672, à l'Observatoire de Paris, Olaüs Römer, jeune savant danois, s'étonne de ces divergences et note que le retard dans les éclipses de Io correspond au plus grand éloignement de Jupiter par rapport à la Terre. Il émet alors l'hypothèse que cela est dû à la durée de transmission de la lumière qui avait alors une plus grande distance à parcourir. Afin d'apprécier cette découverte, il est important de rappeler ce que l'on pensait alors de la vitesse de la lumière.

La vitesse de la lumière

Dans l'antiquité, les savants pensaient que la lumière se propageait instantanément (sauf Empédocle peut-être). Cette idée resta longtemps bien ancrée. En Orient, Avicenne et Alhazen supposaient que la vitesse de la lumière était très grande. Galilée fut l'un des premiers savants européens à envisager que cette vitesse puisse avoir des limites. Il en parle d'ailleurs dans son *Dialogue*. Des savants florentins avaient même tenté de faire une expérience : ils avaient placé deux observateurs munis de lanternes à deux kilomètres l'un de l'autre afin d'évaluer la vitesse de la lumière. Mais ils n'obtinrent rien de bien concluant (ce qui est fort naturel, la lumière dévorant cette distance ridicule en $1/75000^{\text{ème}}$ de seconde). Kepler pensait qu'elle se propageait instantanément, R. Hook qu'elle était si grande qu'il était impossible de la mesurer, Descartes et Fermat enfin, qu'elle était infinie, ce qui compliqua sérieusement leurs recherches en optique géométrique.

Les calculs de Römer

Ils sont en fait extrêmement simples. En effet, les 22 minutes, le plus grand retard enregistré des éclipses, représentent le temps nécessaire à la lumière pour parcourir la distance égale à la différence entre la distance la plus longue de Jupiter à la Terre et la plus courte. Il calcula donc que la lumière mettait 1320 secondes (22 mn) pour franchir 292 millions de kilomètres. La vitesse de la lumière était donc de 221.220 km/s. L'erreur vient de la mesure du retard de l'éclipse (la vraie valeur est de 16 mn 36 s).

Cela se passait en septembre 1676. Afin de convaincre les savants de la justesse de son calcul, il prédit qu'en novembre, l'éclipse de Io aurait 10 mn de retard. Les observateurs, dont Cassini, purent constater qu'il avait prévu le phénomène à la seconde près. Cette découverte ne fut pas acceptée par tous. En particulier, il ne parvint pas à convaincre les membres de l'académie (où prédominaient les cartésiens, partisans de Descartes). Cassini lui-même refusa de le soutenir. Toutefois certains, comme E. Halley (1646-1742), le crurent.

La théorie de Römer fut définitivement reconnue lorsque J. Bradley (1693-1762) découvrit l'aberration de la lumière. On s'aperçut ainsi que la vitesse de la lumière était 10 000 fois supérieure à celle du mouvement de la Terre (ce qui correspondait à l'évaluation de Römer).

Christiaan Huygens, l'horloge à balancier, et une courbe "jamais étudiée par les Anciens"

La découverte d'une courbe inconnue des Anciens

Nous avons vu comment, au début du XVIIe siècle, Galilée jeta les bases de la mécanique classique ; son œuvre continua d'évoluer après lui grâce à Christiaan Huygens (1629-1695). Lagrange disait que le destin de Huygens était de développer et d'approfondir les grandes découvertes de Galilée. On raconte que Huygens découvrit l'œuvre de Galilée à 17 ans : l'adolescent qui voulait démontrer qu'un corps lancé à l'horizontale décrit une parabole trouva la démonstration qu'il cherchait dans un ouvrage de Galilée. Lorsque l'on compare la vie et l'œuvre des deux hommes, on est frappé par la ressemblance de leur approche scientifique et leur communauté de pensée. D'ailleurs, on a souvent comparé Huygens à un Galilée rajeuni, mieux équipé et qui poursuit les études d'astronomie entreprises quarante ans auparavant. Au moyen d'un télescope plus puissant, il essaie de percer le secret de Saturne qui ressemble à trois étoiles accolées et finit par découvrir qu'en fait, la planète est entourée d'un anneau : l'anneau de Saturne.

La puissance de son télescope est alors de × 92 (celle de celui de Galilée était de × 30). Il se remet à étudier la question que l'on s'était posé en 1610 : en dehors de la terre et de Jupiter, les planètes ont-elles des satellites ? À l'époque, Galilée avait écrit à Médicis que sa maison serait la seule à posséder ses propres étoiles (il avait en effet dédié les satellites de Jupiter à Médicis). En 1655, Huygens découvre Titan satellite de Saturne ; les temps ont changé et Huygens n'en fit cadeau à personne !

Christiaan Huygens (1629-1695), gravure par Edelinck.

Puis Huygens se plonge dans la mécanique ; il se passionne pour les questions qu'avait abordé Galilée, développe le principe de l'inertie et de la relativité du mouvement des corps (en opposition aux idées de Newton). Galilée s'était demandé pourquoi, alors que la terre tourne, les corps sont maintenus à sa surface et il avait presque trouvé la formule de l'accélération centripète, sans toutefois y parvenir tout à fait (cf. p.19). Huygens reprend le travail de Galilée et trouve une des formules fondamentales de la mécanique. Il poursuit également l'étude du pendule isochrone (l'une des premières découvertes de Galilée en mécanique). *Les oscillations du pendule mathématique sont isochrones, (c'est-à-dire que les oscillations d'un pendule d'une longueur donnée s'exécutent dans des intervalles de temps égaux indépendamment de l'amplitude du balancement) lorsque l'angle de l'oscillation est faible.*

Puis Huygens développe une idée à laquelle Galilée s'était consacré à la fin de sa vie : il construit une horloge à balancier. La mise au point de cette horloge dura près de 40 ans, de 1656 à 1693. A. Sommerfeld disait que Huygens était l'horloger le plus génial que la terre ait jamais connu. En 1673, Huygens publie un de ses ouvrages les plus importants dans lequel il expose les résultats de ses recherches en mathématiques et en mécanique : *Le traité des horloges*. Il rêve de mettre au point une horloge qui pourrait servir de chronomètre marin ; plusieurs solutions sont envisagées, pendule cycloïdal, développée de courbes, exploitation de la force centrifuge…

Quel fut le destin de la montre au cours des siècles ? La montre est une des inventions humaines les plus anciennes : il y eut d'abord les cadrans solaires, les montres à eau, les sabliers. Au Moyen Âge apparurent les premières montres mécaniques. Le rôle de la mesure du temps a évolué au cours des âges et l'historien allemand O. Spengler, constatant que les premières montres mécaniques datent du début de l'époque romane, (début des croisades) écrit : "Le jour comme la nuit, les innombrables clochers de l'Europe occidentale sonnent l'heure, terrible symbole du temps qui passe, expression la plus forte de la perception humaine de l'histoire. Vous ne trouverez rien de tel dans les villes des civilisations antiques où l'homme n'est pas sensible à la fuite du temps. Les premiers cadrans solaires et les premières horloges à eau viennent de Babylone et d'Égypte et il fallut attendre Platon pour que la clepsydre [variante de l'horloge à eau] soit introduite à Athènes et même plus tard, la montre n'a jamais été un objet fondamental de la vie quotidienne et n'eut aucune influence sur la conception du monde des anciens."

Dans les premiers travaux de mécanique et d'analyse mathématique, le temps n'est pas considéré comme une variable fondamentale dans la description du mouvement. Lorsqu'il étudiait la chute libre, Galilée supposait la vitesse proportionnelle au temps.

Pendant longtemps, les horloges mécaniques furent volumineuses et peu précises. On connaissait plusieurs méthodes pour transformer le mouvement de la chute d'un corps en mouvement régulier des aiguilles mais les horloges, même les plus précises comme les fameuses horloges de Tycho Brahé devaient être remontées chaque jour au moyen d'un marteau. On ne connaissait aucun phénomène mécanique capable de se répéter périodiquement au bout d'un laps de temps relativement court.

L'horloge à balancier

Le principe de l'horloge à balancier fut découvert au tout début des recherches de Galilée. C'est en effet lui qui découvrit que les oscillations du pendule étaient isochrones, c'est-à-dire que leurs périodes ne variaient pas avec l'amortissement de l'oscillation. Nous avons déjà cité le récit de Viviani relatant cette découverte. Galilée envisageait d'utiliser le principe du pendule pour construire une horloge. Le 5 juin 1636, il écrit à un ami qu'il a adapté à son pendule un appareil capable de compter les oscillations. Cependant, il ne s'attaqua à la construction de l'horloge qu'en 1641, un an avant sa mort. Son travail restait inachevé. C'est son fils Vincenzo qui reprit l'œuvre de son père huit ans plus tard en 1649. Mais la mort le surprit à son tour quelques années plus tard avant qu'il ait pu terminer ses travaux. Certes, quelques savants avaient déjà utilisé le pendule isochrone en laboratoire mais de là à concevoir une horloge fonctionnant selon ce principe... il y avait loin.

C'est Huygens qui trouva finalement la solution en 1657 ; il n'avait que 27 ans mais avait déjà acquis une certaine célébrité en découvrant l'anneau de Saturne. Le 12 janvier 1657, il écrit : "Je viens de découvrir un nouveau mécanisme d'horloge qui permet de mesurer le temps avec tant de précision que j'ai maintenant l'espoir de pouvoir m'en servir pour mesurer le temps avec exactitude même sur la mer". La première horloge de ce type fut fabriquée par un horloger de La Haye (Solomon Coster) et le 16 juin, l'invention fut brevetée. En 1658 est publié *L'Horlogium* dans lequel se trouve la description du nouveau mécanisme.

Les élèves de Galilée ayant pris connaissance de l'invention essayèrent de remettre à l'honneur le travail de leur maître. Pour bien comprendre la situation, il faut savoir qu'au XVIIe siècle, on était à la recherche d'une montre pouvant être utilisée avant tout sur mer. Galilée avait vu le problème et Huygens était lui-même convaincu de la nécessité de construire un tel appareil. Les élèves de Galilée savaient que celui-ci avant sa mort avait correspondu en secret avec les États Généraux Hollandais, devant leur fournir "une machine à mesurer le temps". On connaît mal le détail de cette correspondance, qui fut interrompue après l'arrivée de l'inquisiteur florentin mais on pense qu'elle traitait des applications maritimes de l'horloge à balancier. Rappelons-en l'idée de base. L'horloge "garde en mémoire le temps lorsque l'on est loin du port d'attache et la différence avec l'heure locale correspond à la différence de longitude". Il était important que l'horloge marche régulièrement indépendamment du roulis et du tangage. Les oscillations devaient être isochrones même lorsqu'elles s'affaiblissaient et même en cas de grosse mer. Galilée proposa aux autorités hollandaises une autre méthode pour mesurer la longitude basée sur les éclipses des satellites de Jupiter. Mais, même s'il fit état du principe de l'horloge à balancier dans sa correspondance, il est certain qu'aucune information précise sur ce mécanisme ne fut publiée à l'époque en Hollande.

En 1641, lorsque Galilée décide de s'attaquer au problème, il n'a presque plus de relations avec les États Généraux Hollandais. Si l'on n'accusa jamais Huygens de plagiat, certains pensent que l'horloge à balancier a en fait été inventée par le fils d'un membre influent du Conseil d'État qui avait eu affaire à Galilée. Léopold Médicis écrivit un jour à l'astronome Bouilliaud, protecteur de Huygens pour lui demander de fabriquer un mécanisme selon le principe de Galilée ; joints à la lettre se trouvaient l'explication de ce principe, ainsi que des schémas de réalisation destinés à Huygens. Celui-ci les examina et constata que si l'idée de base était claire, le document ne contenait pas d'informations précises sur la technique de construction. En 1673, Huygens écrit : "Certains disent que Galilée voulut construire ce mécanisme, mais qu'il ne put en venir à bout ; en disant cela, c'est la gloire de Galilée qu'ils ternissent puisque j'ai moi-même réussi à réaliser cette horloge." Rappelons toutefois que Galilée était aveugle et qu'il avait 50 ans de plus que Huygens lorsqu'il entreprit ce travail.

Les premières horloges de Huygens étaient conçues comme les horloges que l'on fabriquait à l'époque (il pensait pouvoir adapter le principe du balancier aux mécanismes classiques). Il se consacra longtemps à cette tâche pour finalement publier en 1693, deux ans avant sa mort, un dernier ouvrage sur les horloges. Si dans ses débuts, Huygens apparut avant tout comme un ingénieur particulièrement doué, capable de mettre en pratique le principe déjà connu de l'isochronisme, c'est le physicien et le mathématicien qui domineront ensuite.

Il ne faut cependant pas sous-estimer les réalisations du Huygens-ingénieur ; certaines sont remarquables. L'effet de retour par exemple : l'énergie est tout d'abord communiquée au pendule sans modification de la période de l'oscillation, ensuite la source d'oscillation détermine le moment où une nouvelle impulsion sera nécessaire. À cette fin, Huygens utilisa un instrument très ingénieux mais très simple : une petite ancre dentée en biseau, poussant régulièrement le pendule.

Dès ses premières années de travail, Huygens s'aperçoit de l'inexactitude de certaines affirmations de Galilée sur l'isochronisme.

En effet, les oscillations du pendule ne sont isochrones que lorsque l'angle formé par celui-ci et la verticale est peu important : si par exemple, cet angle fait 60°, les oscillations ne seront pas isochrones. (Galilée aurait pu observer ce phénomène au cours des expériences décrites par Viviani). En 1673, Huygens remarque que pour un angle de 90°, la période est dans un rapport de 34\29 à celles correspondant à un petit arc.

La courbe tautochrone

Pour assurer des oscillations isochrones, Huygens décide de réduire la longueur du pendule au fur et à mesure que l'angle d'oscillation devient plus important. Ses premières horloges utilisent des limiteurs en forme de joue sur lesquels le fil de la suspension s'enroule partiellement. Mais plus tard, cette forme choisie empiriquement ne conviendra plus et en 1658, Huygens les remplace par des limiteurs d'amplitude, sans toutefois abandonner son idée initiale.

En 1659, les disques limiteurs sont remis à l'honneur mais cette fois-ci, leur forme se justifie par une démonstration théorique. Voici comment Huygens résolut le problème.

Figure 1

Cycloïde.

Le mouvement d'un pendule dont la longueur diminue plus il s'écarte de la verticale fut remplacé par celui d'un corps pesant se déplaçant dans une rainure courbe selon laquelle se déplace l'extrémité du pendule (une circonférence dans le cas du pendule mathématique). Il s'agissait de trouver une courbe (la courbe tautochrone) telle que le point pesant descende en un même laps de temps indépendamment de la hauteur à laquelle a débuté la course. Galilée estimait, à tort, que le cercle possédait ces propriétés. Huygens découvrit que la cycloïde est isochrone et il se trouve que, par un heureux hasard, au moment où il étudiait le pendule isochrone, la cycloïde est en train d'être très sérieusement étudiée pour de toutes autres raisons. La cycloïde est décrite par un point donné du cercle qui roule sans glisser sur une droite. C'est Galilée qui l'étudia le premier et qui lui donna son nom. En France, c'est P. Mersenne qui la découvrit ; on l'appelait alors trochoïde ou roulette. Blaise Pascal écrit : la roulette est une ligne très simple, après la droite et le cercle c'est elle que l'on rencontre le plus fréquemment. Elle est si répandue que l'on s'étonne que les anciens n'aient pas songé à l'étudier... en fait, ce n'est rien d'autre que la ligne décrite par le clou d'une roue qui tourne, de l'instant où il quitte le sol jusqu'au moment où après un tour complet, il revient à terre.

À peine fut-elle découverte que la cycloïde devint la courbe de prédilection des mathématiciens et en 1673, Huygens constate que la cycloïde est déjà bien mieux étudiée que certaines autres courbes. À cette époque, les mathématiciens élaboraient des méthodes d'étude très générales et manquaient totalement de matériel expérimental. Cependant, contrairement aux autres courbes, toutes les nouvelles méthodes furent expérimentées sur la cycloïde. C'est elle qui devait mettre fin à la querelle qui opposa Fermat à Descartes à propos des méthodes pour trouver une tangente. La définition cinétique de la cycloïde permit de résoudre différents problèmes. La découverte de Huygens se basait sur les propriétés de la tangente à la cycloïde. E. Torricelli avait démontré que la cycloïde est la trajectoire du mouvement résultant d'un mouvement rectiligne et d'un mouvement de rotation. La tangente indique la direction du vecteur vitesse du déplacement, qui est égal à la somme des vitesses constituant le mouvement. Ainsi, si A est la position d'un point donné à un moment donné, il faut faire la somme du vecteur horizontal et du vecteur de la tangente au cercle décrit par le point. Leur longueur doit être égale (on considère que le mouvement s'opère sans glissement). Il faut donc construire un losange de sommet A dont un côté est horizontal et l'autre tangent au cercle et mener la diagonale du losange (dont la direction est indépendante de la longueur des côtés. Construisons un parallélogramme $ABCD$ dont les côtés sont respectivement horizontaux et tangents au cercle et dont le sommet est le sommet du cercle. Les triangles rectangles ABO et BDO (O étant le centre du cercle) sont égaux, AB et BD sont donc égaux, on a donc un losange. Ainsi, pour tout point de la cycloïde, la droite reliant ce point au sommet du cercle est tangente à la cycloïde. Notons que la droite qui relie le point de la cycloïde au point le plus bas du cercle E est normale à la cycloïde (perpendiculaire à la tangente). Huygens commença à s'intéresser sérieusement à la cycloïde à l'occasion d'un concours organisé par Pascal en 1658 dans lequel il s'agissait de résoudre six questions sur la cycloïde. Huygens participa au concours et réussit à résoudre quatre problèmes ; c'était le meilleur résultat après Pascal qui prit également part au concours sous un pseudonyme.

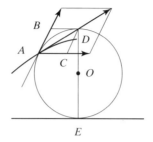

Figure 2

Tangente à la cycloïde.

Puis Huygens reprend l'étude du pendule isochrone ; il étudie la cycloïde "renversée" et le déplacement d'un point pesant selon cette courbe. Soit r le rayon du cercle, le point se déplaçant d'une hauteur $H \leq 2r$. Soit $h(t)$ la hauteur du point à l'instant t ; $h(O) = H$. La vitesse est déterminée selon la loi de la conservation de l'énergie par l'équation :

$$|v(t)| = \sqrt{2g(H - h(t))} \, ;$$

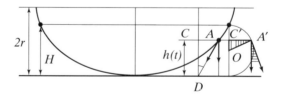

Figure 3

120

le vecteur vitesse étant tangent à la cycloïde ; en vertu des règles de construction de la tangente énoncées plus haut, déterminons la composante verticale de la vitesse, si en un point quelconque de la cycloïde on construit une tangente AD et si le point C est la projection de A selon la verticale $|CD| = h(t)$. Il en résulte que :

$$v_{vert} = |v(t)| \cos ADC \quad h(t) = 2r \cos^2 ADC$$

$$\cos ADC = \sqrt{\frac{h(t)}{2r}}$$

$$v_{vert} = \sqrt{\frac{g}{r}} \cdot \sqrt{h(t)(H - h(t))}.$$

Oublions le déplacement du point selon une cycloïde et examinons le mouvement rectiligne $h(t)$ à la vitesse $v_{vert}(t)$ et avec la condition initiale

$$h(G) = H.$$

Nous devons trouver la valeur τ de t pour laquelle

$$h(\tau) = 0.$$

C'est un problème classique dans la résolution d'une équation différentielle mais Huygens choisit une astuce. Il étudie un autre mouvement auxiliaire : considérons qu'un point A tourne régulièrement sur une circonférence de diamètre H (et non pas $2r$) à une vitesse w, sa course commençant au point le plus élevé du cercle. Supposons qu'à l'instant t le point se trouve à une hauteur $h(t)$ en un point A'. Il est facile de trouver la composante verticale de la vitesse en ce point :

$$w_{vert} = |w| \cos C'A'O$$

$$\cos C'A'O = \frac{|C'A'|}{OA'} = \frac{2|C'A'|}{H} = \frac{2}{H}\sqrt{h(t)(H-h(t))}$$

$$v_{vert} = \frac{2|w|}{H}\sqrt{h(t)(H-h(t))}.$$

où O est le centre du cercle, C' la projection de A' sur le diamètre vertical. Si

$$2|w| = H\sqrt{\frac{g}{r}},$$

la projection du point tournant se déplacera comme la projection sur la verticale du point décrivant une cycloïde. Les deux points se trouvent au point le plus bas du cercle au bout d'un temps

$$\tau = \pi\sqrt{\frac{r}{g}};$$

la cycloïde est bien une courbe isochrone. Ici, H disparaît, et on a le fait remarquable suivant : le temps τ pour qu'un point —qui glisse le long de la cycloïde— atteigne le bas, est indépendant de la hauteur de départ et vaut

$$\pi\sqrt{\frac{r}{g}}.$$

Donc, la cycloïde est une courbe tautochrone. *Il est démontré que le mouvement d'un point matériel pesant selon une rainure cycloïdale peut être représenté par la somme d'un mouvement tournant régulier dont la vitesse angulaire ne dépend pas de la hauteur H de laquelle est parti ce point, et d'un mouvement de translation (en général non uniforme). Si $H = 2r$, ceci peut être démontré en utilisant la définition cinématique de la cycloïde.*

Le point pesant qui roule dans la rainure cycloïdale revient à son point de départ au bout d'un temps

$$T = 4\tau;$$

T correspond à la période des oscillations du pendule cycloïdal. On a :
$$T = 4\pi \sqrt{\frac{r}{g}} . \qquad (°)$$

La formule (°) rappelle tellement l'hypothèse de Galilée sur la période du pendule mathématique d'une longueur l

$$\left(T = 2\pi \sqrt{\frac{l}{g}} \right)$$

qu'il était normal d'utiliser (°) pour vérifier cette dernière. Huygens parvient d'abord à démontrer cette formule pour des angles de faible amplitude ; il constate que dans ce cas, une rainure circulaire se distingue à peine d'une rainure cycloïdale. Restait à déterminer le rapport entre la longueur l du pendule mathématique et le paramètre r de la cycloïde pour lequel cette différence est la plus faible. C'est :

$$l = 4r$$

(ce résultat n'est pas évident, nous y reviendrons par la suite). Si l'on substitue

$$l = 4r$$

dans la formule (°), on obtient la formule de la période du pendule mathématique :

$$T \approx 2\pi \sqrt{\frac{l}{g}}$$

(pour des petits angles φ).

Le pendule cycloïdal

Ces démonstrations n'ont toutefois pas entièrement résolu la question du pendule isochrone. On sait maintenant que l'extrémité du pendule doit se déplacer selon une cycloïde, mais il faut encore décrire le mouvement. À cette fin, on a utilisé une joue sur laquelle s'enroule un fil. Il s'agit maintenant de trouver la forme de cette joue.

Dans *Horlogium Oscillatorium* ce problème n'est qu'un élément du problème de la développante des courbes. Il est intéressant de remarquer que Huygens commença à étudier cette question dès 1654, bien avant qu'il ne se soucie du pendule isochrone.

Considérons un butoir limitant une courbe L sur lequel en un point O est fixé un fil inextensible de longueur l. Tirons le fil et enroulons-le sur le butoir en observant la courbe M tracée par l'extrémité libre du fil. M est la développante de la courbe L et L est la développée de la courbe M (notons qu'une courbe a plusieurs développantes correspondant à des longueurs l différentes). Il s'agit maintenant de trouver la développée de la cycloïde. La courbe M est composée de points tels que la somme des longueurs du segment de la tangente BA à la courbe L au point A et de l'arc AO de la courbe L est égale à l (le fil est partiellement enroulé autour de L et bien tendu).

Huygens conjectura d'abord que la tangente à la courbe M au point B est perpendiculaire à AB, c'est-à-dire que AB, tangente à la courbe L au point B est normale à la courbe M au point B. Ce phénomène peut être expliqué par la définition cinétique de la courbe M. Rappelons que le vecteur vitesse a la direction de la tangente à la trajectoire du poids pesant et qu'il ne change pas immédiatement lorsque l'action de la force est modifiée. Éliminons l'obstacle au point A et poursuivons le mouvement du fil tendu : l'extrémité du fil se met à décrire un cercle de centre A ; le vecteur vitesse au point B ne change pas ; c'est pourquoi au point B la courbe M et le cercle de centre A auront une tangente commune perpendiculaire au rayon BA.

Huygens conjecture ensuite que dans des "bons cas" la développée de la courbe peut être reconstruite de manière unique (rappelons qu'une courbe a plusieurs développantes). La raison en est que les normales à la courbe M en différents points sont aussi les tangentes à sa développante et qu'une "bonne" courbe peut être reconstruite à partir de ses tangentes. Il nous faut trouver une courbe dont les tangentes soient les normales à une cycloïde donnée. Huygens a conjecturé que la développée de la cycloïde est une autre cycloïde égale dont le sommet est à l'origine de la première.

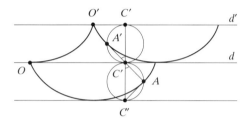

Figure 4

En effet : soit

$$r = 1 \ ;$$

d et d' les directrices des deux cycloïdes, O et O' leur point de départ (d' est deux unités au dessus de d ; O' est π unités à droite de O). Prenons un point C sur la droite d et examinons la position des cercles engendrant (les deux cycloïdes lorsqu'ils touchent d en ce point C. Soient C' et C'', les deux points diamétralement opposés. C' est le sommet du cercle supérieur, C'' le point le plus bas du cercle inférieur, soient A et A' les deux points de la cycloïde correspondants. La longueur de l'arc $C\,C''A$ est égale à celle de OC ; elle est ainsi supérieure de π à l'arc $C'A'$ dont la longueur est égale au segment $O'C'$. D'où

$$C'CA' = C''CA'$$

et les points A', C et A sont situés sur une même droite. Il reste à remarquer que CA' est tangente à la cycloïde supérieure et que CA est normale à la cycloïde inférieure (AC'' lui étant tangent).

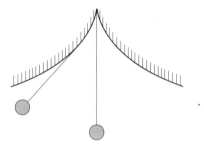

Figure 5

Nous savons maintenant que les "joues" du pendule isochrone doivent être cycloïdales et que la longueur l du fil doit être égale à $4r$ (c'est lorsque l a cette valeur que l'on obtient la cycloïde voulue comme développante). Lorsque l'angle de l'amplitude est faible, les joues n'ont presque aucune influence sur la longueur du pendule ; la cycloïde est proche d'un cercle de rayon $4r$).

Le théorème de Christopher Wren

Le fil est entièrement enroulé lorsque son extrémité se trouve au point commun aux deux cycloïdes. On peut donc dire que la longueur d'un arc de la cycloïde est égale au double de la longueur du fil, c'est-à-dire $8r$. Ce théorème qui, pour Huygens découle directement de la théorie du développement des courbes, a été démontré par le mathématicien anglais C. Wren en 1658 à l'occasion du concours de Pascal.

Le théorème de Wren fit beaucoup de bruit à l'époque. En effet, les mathématiciens qui avaient découvert le calcul de l'aire des figures curvilignes ne savaient pas rectifier une courbe (soit à la règle et au compas construire un segment de longueur égale à celle d'une courbe, soit par calcul algébrique ne sachant pas calculer sa longueur). Au début du XVIIe siècle, on pensait que la rectification était une chose infaisable comme le témoignent ces lignes de Descartes : "Il n'est pas donné à l'homme d'établir une relation entre la droite et la courbe". Quelques années plus tard, Wren démontrait le contraire en découvrant comment rectifier une cycloïde. On a tout d'abord pensé que la cycloïde n'était pas une courbe algébrique jusqu'à ce que plusieurs savants (dont Fermat) découvrent, chacun de leur côté qu'on pouvait procéder de la manière algébrique à la rectification de la parabole semi-cubique $y^2 = ax^3$.

La théorie de Huygens expliquait ce mystère. Il s'aperçut que sa développée est en fait une parabole quadratique. Pour être plus précis, la développée de la parabole $y = x^2$ est la courbe $y = \frac{1}{2} + 3\left(\frac{x}{4}\right)^{\frac{2}{3}}$. Huygens en tire plusieurs conclusions lui permettant d'établir la théorie du développement des courbes : "Pour appliquer mes connaissances au pendule, il me fallait formuler une nouvelle théorie de la formation de lignes nouvelles par le développement des lignes courbes. "J'ai donc dû établir une relation entre courbes et droites, je me suis pris au jeu et j'ai approfondi cette question plus qu'il ne m'était nécessaire car je trouvais ce raisonnement élégant et nouveau". Cette théorie du développement de la courbe qui faisait apparaître pour la première fois dans l'étude des courbes des dérivées secondaires est à l'un des premiers pas de la géométrie différentielle.

Voici donc l'histoire du pendule cycloïdal, enfant chéri de Huygens qui disait : "Pour pouvoir démontrer ces principes, j'ai dû revoir et compléter les enseignements du grand Galilée sur la chute des corps et le plus beau résultat de ces enseignements restera, à mon avis la découverte des propriétés de la cycloïde.

La force centrifuge et les horloges à balancier conique

Le pendule cycloïdal n'est pas la seule invention de Huygens. En effet, l'étude des horloges souleva bien d'autres questions, dont celle de la force centrifuge. La théorie de la force centrifuge avait été formulée par Huygens et publiée pour la première fois dans *Les horloges à balancier*. On trouve dans le cinquième chapitre de ce livre des théorèmes non démontrés sur la force centrifuge ainsi que la description d'une horloge à balancier conique (inventée par Huygens le 5 octobre 1659). C'est dans son livre *De la force centrifuge* écrit en 1659, publié huit ans après sa mort que Huygens fournit la démonstration de ces théorèmes. La force centrifuge était déjà connue d'Aristote, et Ptolémée estimait que si la terre tournait autour de son axe, les objets ne pourraient se maintenir à sa surface à cause de la force centrifuge. Kepler et Galilée prouvèrent le contraire en expliquant que le poids est équilibré par la force centrifuge en supposant que la force centrifuge diminue quand on s'éloigne du centre de la terre. Cependant, c'est Huygens qui découvrit la fameuse formule

$$F = \frac{mv^2}{R}$$

que Galilée avait presque trouvée.

Huygens, cherchait toujours à utiliser ses études pour la construction de son horloge ; c'est ainsi qu'il décide d'exploiter le pendule conique. Le pendule conique est composé d'un fil avec un poids qui tourne autour de son axe situé au point de suspension. Soit l la longueur du fil et l'angle du fil et de la verticale, et R la distance du poids à l'axe. Si le pendule décrit un arc de cercle et si a reste fixe alors

$$\frac{mv^2}{R} = mg \tan \alpha \, .$$

Par conséquent

$$v = \sqrt{gR \tan \alpha}.$$

On obtient la période

$$T = 2\pi \sqrt{\frac{R}{g} \cot \alpha} = 2\pi \sqrt{\frac{l \cos \alpha}{g}} = 2\pi \sqrt{\frac{u}{g}},$$

et

$$u = l \cos \alpha$$

(longueur de la projection du fil sur l'axe du pendule).

Le texte de Huygens comporte plusieurs analyses de la formule de la période du pendule conique. Le mouvement du pendule conique est la combinaison de deux mouvements que l'on étudiait alors : la chute libre et l'oscillation du pendule simple "mathématisé".

La période est donc déterminée par la projection du fil sur l'axe. La principale difficulté pour construire un pendule conique tient au fait que l'angle formé avec l'axe diminue et que la période augmente. Huygens pense que pour éviter cela il faut réduire la longueur du fil au fur et à mesure que l'angle diminue, afin que son extrémité se trouve toujours sur la même parabole de révolution.

Considérons une surface de révolution (Huygens prend la paraboloïde surface de révolution de la parabole $py = x^2$ autour de l'axe y). Un point pesant tourne constamment selon une section horizontale (cercle) si la résultante de son poids et de la force centrifuge s'exerce selon la normale à la surface (c'est pourquoi la formule du pendule conique est ici valable). Dans ce cas, α est l'angle de la normale avec l'axe l, la longueur du segment de la normale délimité par l'axe et la surface et u la projection de ce segment sur l'axe. On peut comparer le passage du pendule conique à la rotation d'un corps pesant, au raisonnement de Galilée qui du pendule mathématique passe au mouvement d'un poids pesant dans une rainure circulaire. Huygens remarque ensuite que pour la parabole $py = x^2$, la valeur u (projection du segment de la normale sur l'axe) est indépendante de la position du poids et égale à $\frac{p}{2}$. Il en résulte que la période de rotation du poids est la même pour toute section horizontale :

$$T = 2\pi \sqrt{\frac{p}{2g}}.$$

Huygens entend utiliser cette nouvelle méthode pour obtenir des oscillations isochrones pour réaliser son horloge. Si l'on fixe le pendule de telle sorte que, quel que soit l'angle α formé par le fil et l'axe, l'extrémité du pendule reste en contact avec la paraboloïde obtenue par la rotation de la parabole $py = x^2$, la période de rotation sera indépendante de α. En d'autres termes, il faut procéder de façon à ce que toute modification d'α entraîne une modification de l afin que la projection u sur l'axe reste inchangée. Huygens imagina un système de suspension fort ingénieux. Il fabriqua un disque en forme de parabole semi-cubique $y^2 = ax^3 + b$, fixa le fil en un point de cette parabole et put alors choisir a, b et la longueur du fil de façon à ce que, quel que soit l'enroulement du fil sur le disque, son extrémité ne quitte pas la paraboloïde. Cet ingénieux système était le fruit du même raisonnement mathématique que pour le pendule cycloïdal.

Notons que ces calculs permirent à Huygens de résoudre rapidement le problème de Leibniz (1687) sur la courbe de déplacement d'un poids pesant, de manière que les distances parcourues en des laps de temps égaux aient des projections égales sur la verticale. Il se trouve que c'est la parabole semi-cubique qui répond à la question.

Le pendule physique

C'est également à Huygens que l'on doit la théorie du pendule physique : l'oscillation non plus d'un poids ponctuel mais d'une configuration de poids ou de disques lourds. Huygens avait imaginé de fixer au pendule, en plus du poids principal un poids mobile permettant de régler la période des oscillations. Huygens exposa son projet à l'horloger hollandais Douw qui, en 1658, fit breveter son modèle d'horloge à balancier dont la conception était très proche de celle de Huygens.

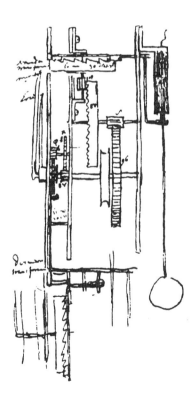

Dessin d'une horloge avec pendule cycloïdal, fait par Huygens.

Cependant, si cette étude avait été commencée bien des années auparavant, on n'avait toutefois pas obtenu de résultats intéressants sur les oscillations du pendule physique. *Rappelons que l'on appelle longueur réduite du pendule physique la longueur d'un pendule de même période, le centre de l'oscillation étant le point situé sur la droite reliant le point de suspension au centre de gravité à une distance égale à la longueur réduite du point de suspension.*

C'est Mersenne qui initia Huygens au problème : "Quand j'étais petit [il avait en fait 17 ans], Mersenne me donnait des problèmes à résoudre, je devais trouver le centre de l'oscillation. Si j'en crois les lettres de Mersenne, ce type de problème était alors en vogue chez les mathématiciens… Mersenne m'avait promis une belle récompense si j'arrivais à résoudre le problème. Toutefois, ses espoirs furent déçus car je n'en vins pas à bout et j'abandonnai le problème avant même de l'avoir sérieusement étudié". Et même des savants aussi brillants que Descartes n'y parvinrent pas, ou alors, ne trouvèrent qu'une solution partielle.

L'apparition des horloges à balanciers réglés qui comprenaient en plus du poids principal un $2^{\text{ème}}$ poids mobile donna un nouvel élan à cette recherche. En effet, c'est en se basant sur des mécanismes de ce type que Huygens réussit à surmonter tous les obstacles et résolut non seulement le problème de Mersenne mais d'autres encore plus difficiles qui lui permirent d'établir une méthode générale pour déterminer les centres d'oscillation des lignes, des surfaces et des corps. "Je pouvais être fier de moi", écrit-il, "car ce principe, beaucoup l'avaient cherché en vain, mais le plus important c'est que ces résultats me permettaient d'aller plus loin dans les méthodes de régulation des horloges. De plus, ma découverte permettait de définir les longueurs de façon absolument sûre".

En effet, pour Huygens, l'idée est que de la même façon que le temps se mesure par unités de 24 heures, on peut mesurer la longueur avec comme unité le tiers de longueur de pendule dont la période est égale à 1 seconde. Les méthodes mathématiques d'alors ne permettaient pas de déterminer le centre d'oscillation, aussi Huygens s'intéressa-t-il au problème du point de vue du mouvement : lorsqu'il y a mouvement, le centre de gravité ne peut se déplacer plus haut qu'il ne l'était au début du mouvement sinon on pourrait créer un mouvement perpétuel. Cette observation fut rejetée par beaucoup jusqu'à ce que Jacques Bernouilli la démontre à son tour par une autre méthode.

L'horloge marine

1673 sera pour Huygens une année faste. Son livre *Horlogium Oscillatorium (Les horloges à balancier)* est publié et un horloger parisien fabrique une horloge en tenant compte de tous les perfectionnements prévus par Huygens. Mais si l'horloge à balancier obtient un franc succès, le sort des horloges marines est bien différent. Les premiers modèles apparaissent en 1661 et sont expérimentés à partir de 1663. Le comte Bruce, qui se rend à Londres en emporte un exemplaire mais l'horloge s'arrête.

Les expériences du capitaine Holmes, entre Londres et Lisbonne, furent un peu plus concluantes mais il y eut ensuite l'épisode tragique du voyage de l'escadre anglaise en Guinée que raconte Huygens dans *Les horloges à balancier*. Jusqu'en 1687, les résultats des expériences furent irréguliers mais ils montraient que ce type d'horloge n'était pas intéressant sur mer. Du coup, la demande baissa et en 1679, Huygens lui-même reconnaît que sur mer, il vaut mieux utiliser une montre à ressort. C'est finalement G. Harrison qui construisit ce chronomètre en 1735 ; on lui attribua une prime de 20 000 livres.

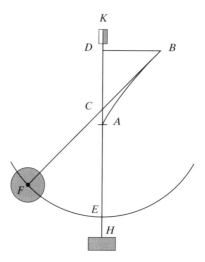

Figure 6

Trois cents ans ont passé, les horloges sont partout mais rares sont ceux qui connaissent leur histoire. Qu'est-il advenu des travaux de Huygens ? En un sens, ils n'ont pas abouti : Huygens n'a pas réussi à construire son horloge marine et ses horloges à pendule cycloïdal furent vite délaissées. Même chose pour le pendule conique. Cependant, les principes mathématiques et physiques formulés à l'occasion de ses recherches sont encore largement utilisés de nos jours dans le calcul différentiel, en géométrie différentielle et en mécanique.

Blaise Pascal

"Pascal avait son gouffre, avec lui se mouvant." Baudelaire, Le gouffre.

Blaise Pascal est le type même de l'homme "universel" du Siècle des Lumières, qui apparaît en Europe dès le XVIIe siècle. À cette époque, les sciences exactes ne sont pas encore bien différenciées (la physique et la mathématique, par exemple, sont étroitement liées) toutefois les sciences humaines occupent déjà une place à part.

Pascal est avant tout un physicien et un mathématicien ; il est l'auteur de plusieurs grands principes de l'analyse mathématique, de la géométrie descriptive et de l'hydrostatique. On lui doit également la naissance de la théorie des probabilités. Mais c'est aussi un écrivain de talent ; Joseph Bertrand écrit : "Les esprits délicats trouveront dans les écrits de Pascal la langue française du Grand Siècle sous sa forme la plus pure ; chacune de ses phrases est un véritable joyau. Certes, tout le monde ne peut adhérer aux idées de Pascal sur l'homme, à sa place dans l'univers, à sa conception de la vie, mais personne ne reste indifférent aux lignes que l'auteur a payé de sa vie et qui, étrangement n'ont pas vieilli". En 1805, Stendhal écrit : "Lorsque je lis Pascal, j'ai l'impression de me lire moi-même". Et cent ans plus tard, Tolstoï parlait du "merveilleux Pascal", de cet "homme d'esprit au grand cœur" et ne pouvait s'empêcher de pleurer lorsqu'il le lisait, conscient de la communion le reliant à cet homme qui avait vécu des siècles auparavant.

Blaise Pascal, à douze ans, surpris par son père alors qu'il redémontre Euclide. 1623-1662.

Le génie de Pascal éclate dans la diversité de ses œuvres : on lui doit de nombreuses réalisations pratiques dont certaines sont aujourd'hui fondamentales mais rares sont ceux qui connaissent le nom de leur auteur. Pour Tourgueniev, l'esprit pratique, c'était l'œuf de Colomb et la brouette de Pascal. Après avoir découvert que Pascal est le père de la brouette, il écrit à Nekrassov : "À propos, sais-tu que c'est Pascal qui a inventé... la brouette, cette machine qui nous parait si simple aujourd'hui. C'est également à Pascal que l'on doit l'omnibus (à 5 sous) à trajet fixe, premier transport en commun.

Pascal est une des figures les plus marquantes de notre histoire. On lui a consacré d'innombrables ouvrages.

Bâtonnets et piécettes

Lorsqu'on apprend à dessiner, parmi les innombrables lignes et courbes que l'on peut construire il en apparaît certaines qui portent le nom d'hommes célèbres ; on connaît ainsi la spirale d'Archimède, le trident de Newton, la conchoïde de Nicomède, la feuille de Descartes, la boucle de Maria Agnese et le limaçon de Pascal. Or, contrairement à ce que l'on pourrait croire, ce fameux limaçon n'est pas dû à Blaise Pascal mais à son père, Étienne (1588-1651) qui était juriste au parlement de Clermont-Ferrand et s'intéressait beaucoup aux sciences comme nombre d'hommes cultivés de cette époque (de même, Pierre de Fermat fut un grand mathématicien). Bien que l'héritage laissé par Étienne Pascal soit modeste, ses connaissances lui permettaient d'entretenir une correspondance avec les mathématiciens français de son époque : il étudie la construction des triangles avec Fermat et soutient son point de vue dans la querelle avec René Descartes (1595-1650).

Étienne Pascal perdit sa femme très tôt et se consacra à l'éducation de ses enfants (Blaise et deux filles, Gilberte et Jacqueline). Il se rend compte très vite des capacités étonnantes de son fils dont la santé est très fragile. Pascal eut, au cours de sa vie, plusieurs aventures étranges : enfant, il faillit mourir d'une maladie inconnue dont les symptômes étaient dus, selon une légende familiale à une magicienne qui aurait jeté un sort sur le bébé.

Étienne veille très soigneusement à l'éducation de ses enfants. Il essaie tout d'abord de ne pas leur enseigner les mathématiques : il pensait que cette science pourrait avoir des conséquences néfastes sur la santé de Blaise qui, peut-être, ne résisterait pas à la tension nerveuse qu'engendre toute résolution de problèmes. Cependant, à douze ans, Blaise entend parler de cette géométrie que lui cache son père et lui demande de l'initier à cette discipline défendue. Et très vite, il en sait assez pour pouvoir jongler avec les figures, démontrer les théorèmes. Il maniait les "piécettes" (cercles), les "tricornes" (triangles), les "tables" (rectangles), les "bâtonnets" (segments de droite). Il découvrit bientôt que la somme des angles d'un tricorne est égale à deux angles d'une table. Son père eut tôt fait de reconnaître la fameuse 32ème règle du premier livre d'Euclide, le théorème sur la somme des angles du triangle et, dès ce jour, il ouvrit sa bibliothèque au jeune Blaise. On sait aujourd'hui comment Pascal réinventa la géométrie euclidienne grâce aux récits enthousiastes de sa sœur Gilberte (qui, comme on le sait provoquèrent de nombreux malentendus car, si Pascal a bien démontré la 32ème règle d'Euclide, il n'a certainement pas redémontré toutes les règles qui la précèdent. Et certains ont utilisé cet argument pour déclarer que l'axiomatique d'Euclide est la seule acceptable. En fait, la géométrie de Pascal se trouve à un niveau pré-euclidien dans la mesure où certaines affirmations intuitives non évidentes sont considérées comme évidentes, le nombre de ces affirmations étant illimité. Mais Pascal s'aperçoit très vite qu'on peut réduire le nombre de ces propositions évidentes (axiomes) en utilisant d'autres règles de la géométrie. Ainsi, en plus des propositions non-évidentes, il fallait démontrer des "théorèmes" évidents que l'on sait exacts par intuition (ex : le principe de l'égalité des triangles).

Dans ce cas, la 32ème règle est la première proposition non-évidente du livre *Les Éléments* d'Euclide mais il est certain que le jeune Pascal n'avait ni le temps ni le désir de s'attarder sur ces axiomes.

Il est intéressant de voir qu'à l'âge de douze ans, Einstein s'intéressait également à la géométrie et qu'il réussit à démontrer en partie le théorème de Pythagore que lui avait enseigné son oncle. "Je désirai pouvoir me reposer sur des propositions dont j'avais moi-même pu vérifier l'exactitude." C'est vers l'âge de dix ans que Pascal entreprend son premier travail de physique : intrigué par la résonance d'une assiette en faïence, il cherche à expliquer le phénomène. Après avoir procédé à une série d'expériences étonnamment bien choisies, il conclut que le bruit est dû à la vibration des particules de l'air.

Blaise Pascal jeune (dessin de Jean Domat), B.N EST.

"L'hexagone mystique" ou le "Grand théorème de Pascal"

Dès treize ans, Blaise Pascal fait partie du groupe de Mersenne qui réunit les plus grands mathématiciens parisiens dont Étienne Pascal (les Pascal vécurent à Paris à partir de 1631).

Marin Mersenne (1588-1648) moine franciscain, joua un rôle très important dans la coordination et la diffusion des travaux scientifiques. *Le premier journal scientifique parut en 1665.*

Il était en relation avec de très nombreux savants du monde entier (on dit qu'il avait plusieurs centaines de correspondants). Mersenne savait faire la synthèse des informations qu'il recevait et les communiquer aux personnes compétentes. Ce type d'activité exigeait bien des qualités : il s'agissait d'être ouvert à la nouveauté et de savoir poser les problèmes de façon claire ; Mersenne qui était d'une grande intégrité jouissait de la confiance et de l'estime de ses correspondants. Il n'hésitait pas à s'adresser à de tout jeunes savants : ainsi, en 1646, il correspondit avec Huygens qui n'avait alors que 17 ans, l'incitant à poursuivre ses travaux car, disait-il, il sentait en lui "un nouvel Apollonios, un nouvel Archimède…".

Mersenne ne se contentait pas de son cercle de correspondants, il organisait également des réunions, les "Jeudi de Mersenne" auxquels participa très vite Pascal. Il y trouva un maître de talent, Gérard Desargues (1593-1662), ingénieur et architecte, auteur d'une théorie nouvelle sur la perspective. Ses œuvres, qui restent peu connues, captivèrent le jeune Pascal.

À cette époque, Descartes ouvre de nouvelles voies en géométrie avec la géométrie analytique mais le niveau de cette science reste encore bien inférieur à ce qu'il était dans la Grèce antique. Beaucoup des travaux des grands savants grecs restent obscurs, notamment en ce qui concerne la théorie des sections coniques (on ne connaissait en effet qu'en partie le *Konika* d'Apollonios, ouvrage clef en la matière). On essayait alors de moderniser la formulation des théorèmes. Desargues remarquera que l'application systématique de la méthode des projections permettait d'envisager la théorie des sections coniques d'un point de vue résolument nouveau.

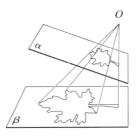

Figure 8

Certaines propriétés se conservent par projection.

Examinons la projection centrale d'un point quelconque O d'un plan α sur un plan β. Cette transformation est largement pratiquée dans la théorie des sections coniques (sections d'un corps droit circulaire que l'on obtient par projection centrale du sommet du cône sur différentes surfaces de section conique (par exemple un cercle). On remarque que la projection centrale de droites qui se croisent peut donner, soit des droites qui se croisent, soit des parallèles ; considérant que deux droites parallèles se croisent en un point à l'infini, on peut dire que différents faisceaux de droites parallèles donnent différents points à l'infini. Tous les points d'une surface à l'infini forment une droite à l'infini : deux droites quelconques (même parallèles) se croisent en un point unique. Le postulat d'Euclide : par un point A on ne peut mener qu'une parallèle à une droite m (A n'appartenant pas à m) peut s'exprimer également de la façon suivante : par un point A et un point situé à l'infini ne passe qu'une seule droite. D'où la règle : par deux points différents ne passe qu'une seule droite (infiniment éloignée si les deux points sont situés à l'infini). Cette théorie pourrait être développée, mais l'important ici est de savoir que la projection centrale du point d'intersection de deux droites est le point d'intersection des projections. Il est intéressant d'examiner le rôle des éléments infiniment éloignés dans cette étude (dans quelles conditions le point d'intersection devient-il un point à l'infini, quand une droite devient-elle une droite à l'infini?). En 1640, Pascal écrit son *Essai pour les coniques* qui fut tiré à 50 exemplaires; 53 lignes furent en outre imprimées sur des affiches devant être apposées au coin des rues (on a peu de renseignements sur ces affiches mais on sait que Desargues tenait beaucoup à cette forme de diffusion). On pense qu'à côté des initiales de l'auteur figurait ce qu'on appelle aujourd'hui le théorème de Pascal. Soient une conique L (sur le schéma L est une parabole) et 6 points choisis arbitrairement et numérotés de 1 à 6. Soit P, Q et R les points d'intersection des trois paires de droites: (1, 2) et (4, 5); (2, 3) et (5, 6); (3, 4) et (6, 1); on s'aperçoit en procédant à un simple numérotage (par ordre) que les points d'intersection des couples de côtés d'un hexagone inscrit dans une conique P, Q, R sont en ligne droite.

Pascal formule tout d'abord son théorème pour des cercles et limite son numérotage aux points choisis, ce qui simplifie considérablement le problème. Le passage du cercle à une section conique est très simple. Il suffit de transformer cette section conique en cercle par projection centrale en sachant que la projection centrale d'une droite est une droite et que celle d'un point d'intersection est un point d'intersection. Comme on l'a déjà dit, les images des points P, Q et R seront sur une même droite: P, Q et R seront donc eux aussi sur une même droite.

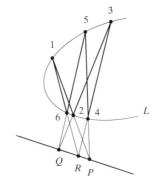

Figure 9

Le théorème que Pascal appelait "Théorème de l'Hexagone mystique" n'est en fait qu'un élément d'une théorie générale des coniques recouvrant la théorie d'Apollonios dont les théorèmes fondamentaux occupaient une place de choix sur les affiches dont nous venons de parler. Desargues qui n'avait pu lui-même découvrir ces théorèmes estimait que le "Grand Théorème de Pascal" faisait la synthèse des quatre premiers livres d'Apollonios.

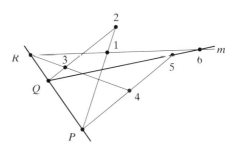

Figure 10

Si l'on en croit le message de la Grande Académie de Paris, l'étude exhaustive des coniques entreprise par Pascal fut terminée en 1654 ; d'après Mersenne, Pascal avait formulé près de 400 corollaires. C'est Leibniz (1646-1716) qui eut le dernier le traité de Pascal entre les mains, après la mort du grand homme en 1676. Il conseilla à la famille de Pascal de publier l'ouvrage mais cela ne se fit pas et le traité a aujourd'hui disparu. À titre d'exemple, on peut citer un des corollaires les plus simples mais aussi les plus importants du théorème de Pascal. Soient $\{1, 2, 3, 4, 5\}$ 5 points d'une conique et m une droite quelconque passant par 5. Seul le point 6 de la conique se trouvera alors sur m, 6 étant différent de 5. Dans le théorème, le point d'intersection de $(1, 2)$ et de $(4, 5)$ est P, Q celui de $(2, 3)$ et de m et R celui de $(3, 4)$ et de PQ ; 6 est alors aussi le point d'intersection de $(1, R)$ et de m.

La roue de Pascal

Le 2 janvier 1640, la famille Pascal déménage à Rouen où Étienne Pascal a été nommé "commissaire député par sa majesté pour l'imposition et la levée des tailles". Cette nomination survient à la suite de troubles auxquels avait participé É. Pascal. Il fut recherché par la police. Il dut se cacher mais à ce moment-là, Jacqueline tomba malade et son père, bravant le danger se rendit auprès d'elle. Jacqueline se rétablit peu à peu et se mit à sortir : elle participa même à un spectacle auquel assistait Richelieu qui, à la demande de la jeune actrice, graciât son père avant de le nommer à Rouen où l'ancien révolté dut veiller à l'application de la politique du Cardinal qu'il avait jusque-là combattue *(cf. Les trois mousquetaires)*.

La nouvelle fonction d'Étienne Pascal l'oblige à faire de la comptabilité. À la fin de 1640, Blaise Pascal imagine une machine arithmétique destinée à faciliter les opérations de comptabilité de son père "par le jeton ou par la plume". *L'édition des œuvres complètes de Pascal citées ici est : Pascal, Œuvres complètes, (Œ.C.), texte établi, présenté et annoté par Jacques Chevalier, La Pléiade, 1956. Pour Les Pensées, (LP), voir : Folio Gallimard, édition présentée et annotée, par Michel Le Guern.*

Elle se compose de 6 étages correspondant aux six ordres d'unités traitées. L'organe essentiel de chaque étage est une roue à 10 dents "chaque roue faisant un mouvement de dix figures arithmétiques fait mouvoir sa voisine d'une figure seulement" *(Œ.C.)*. La mécanisation de l'opération de report qui doit relier les étages consécutifs faisant avancer l'étage supérieur au moment où l'étage inférieur passe de 9 à 0 est assurée par un dispositif assez complexe fonctionnant sous l'effet de la pesanteur. La construction de cette machine demande beaucoup de temps et d'efforts à Pascal qui écrit modestement dans son avertissement à l'utilisateur : "À ceux qui auront curiosité de voir la machine arithmétique et de s'en servir : je n'ai épargné ni le temps ni la peine, ni la dépense pour la mettre en état de t'être utile" *(Œ.C., p.353)*.

Ce sont en effet cinq années de travail acharné qui ont donné naissance à la Roue de Pascal qui permet d'effectuer les quatre opérations sur des nombres de 5 chiffres. On dit que Pascal en construisit 50 exemplaires, en utilisant toutes sortes de matériaux : bois, ivoire, ébène, laiton et cuivre. Il passa beaucoup de temps à choisir "un ouvrier qui possédât parfaitement la pratique du tour, de la lime et du marteau" *(Œ.C., p.357)*. La machine est soumise à une série d'expériences soigneusement choisies. Pascal s'occupe également de sa diffusion : c'est Séguier qui se charge du lancement commercial de la roue ; Pascal reçoit bientôt les Privilèges Royaux qui lui accordent l'exclusivité de la fabrication et de la vente. Les machines sont présentées dans plusieurs salons et un exemplaire est envoyé à la reine Kristina de Suède. Une production s'organise, on ne sait combien de machines sont alors construites mais seuls huit exemplaires existent encore aujourd'hui. On a découvert récemment que Schickard, un ami de Kepler, avait inventé une roue du même type en 1623, mais il semble qu'elle ait été bien moins perfectionnée que celle de Pascal.

La peur du vide et la "Grande expérience sur l'équilibre des fluides"

Fin 1646, le récit de certaines expériences extraordinaires faites par les Italiens sur le vide parvient jusqu'à Rouen : le vide existe-t-il dans la nature ? Déjà, les Grecs s'étaient posé la question et plusieurs hypothèses avaient été émises variant selon la philosophie de leur auteur : Épicure estimait que le vide existe ; Héron, qu'on peut l'obtenir artificiellement ; Empédocle, qu'il n'existe pas et qu'il ne peut provenir de nulle part. Quant à Aristote, il affirmait que la nature a horreur du vide. Au Moyen Âge, la situation est relativement plus simple dans la mesure où la théorie d'Aristote est déclarée seule acceptable (jusqu'au XVIIe siècle toute personne qui remettait en cause cette hypothèse était passible du bagne).

L'idée de "peur du vide" eut un impact très important et fut à la mode pendant de longues années. En témoigne ce passage du *Crocodile* de Dostoïevsky : "Comment fabriquer un crocodile qui engloutisse les gens ? La réponse est simple : il suffit de le remplir de vide. Les physiciens savent tous que la nature n'aime pas le vide ; même chose pour le crocodile : s'il est vide, il doit combler ce vide et pour cela il va se mettre à avaler tout ce qui lui tombe sous la patte".

L'exemple classique que l'on évoque pour illustrer la "peur du vide" est celui du liquide qui suit le mouvement du piston, évitant ainsi la formation d'un espace vide. Survint alors un cas bizarre : les constructeurs des fontaines de Florence remarquèrent que l'eau "ne voulait pas" s'élever au-dessus de 10,3 m. Ils posèrent la question au vieux Galilée qui leur répondit que, très certainement, au-dessus de 10,3 m la nature n'avait plus peur du vide, puis, plus sérieusement il leur conseilla de s'adresser à ses élèves Torricelli et Viviani. Et c'est à Torricelli (et peut-être aussi à Galilée) que l'on doit l'idée que dans une pompe, la hauteur maximum atteinte par l'eau est inversement proportionnelle à son poids spécifique. Ainsi, le mercure s'élèvera à 13, 3 fois moins haut que l'eau (76 cm). Les expériences se succédèrent et certaines d'entre elles sont restées célèbres, comme celle de Viviani et de Torricelli. Voici la description de l'une d'entre elles : un tube gradué en verre, dont l'une des extrémités est fermée, est rempli de mercure ; l'extrémité ouverte est fermée par le doigt, puis on retourne alors le tube dans une éprouvette remplie de mercure ; si l'on retire son doigt, le niveau du mercure tombe à 76 cm. Torricelli en tire deux conclusions :

- Dans le tube, au-dessus du mercure le vide s'est fait (on parlera plus tard du vide de Torricelli).
- Le mercure ne se vide pas entièrement dans l'éprouvette du fait de la pression de la colonne d'air qui s'exerce sur la surface du mercure dans l'éprouvette.

À la lumière de ces deux hypothèses, il est possible d'expliquer le phénomène mais on peut également utiliser l'action des forces complexes qui s'exercent sur le fluide empêchant la formation du vide. Il était difficile d'adopter les idées de Torricelli et peu de ses contemporains acceptèrent la notion de poids de l'air ; certains pensaient qu'il était possible de faire le vide, mais de là à affirmer que l'air si léger puisse comprimer le mercure si lourd… Rappelons que Galilée avait cherché à expliquer le phénomène par les propriétés des fluides et que Descartes affirmait qu'en fait, le vide est toujours rempli d'infimes particules de matière. Pascal se mit à son tour à étudier le problème : il imagina des expériences fort astucieuses —huit d'entre elles figurent dans un traité qui fut publié en 1647. Il ne se contente pas d'expérimenter sur le mercure, il utilise aussi l'eau, l'huile, le vin rouge ; on dit qu'il se servait pour cela de véritables tonneaux et de tubes de près de 15 m de long. Tout Rouen suivait ses travaux. Aujourd'hui encore on se plaît à regarder les gravures représentant le baromètre à vin de Pascal.

Il essaie tout d'abord de démontrer qu'au-dessus du mercure se trouve le vide. Beaucoup pensaient alors que ce qui semble être le vide n'est que la matière sans propriétés et il était pratiquement impossible de prouver le contraire ; à cette occasion, Pascal fit plusieurs observations intéressantes dans la mesure où elles posent le problème de la preuve dans la science. Il écrit : "Après avoir démontré qu'aucune des matières qui tombent sous nos sens, et dont nous avons connaissance, ne remplit cet espace vide en apparence, mon sentiment sera, jusqu'à ce qu'on m'ait montré l'existence de quelle matière qui le remplisse, qu'il est véritablement vide, et destitué de toute matière" *("Expériences nouvelles touchant le vide", Œ.C., p.369)*. De manière plus simple, il écrit au savant jésuite Étienne Noël : "Mais nous trouvons plus de sujet de nier son existence [d'une "matière subtile"], parce qu'on ne peut pas la prouver, que de la croire par la seule raison qu'on ne peut pas montrer qu'elle n'est pas". *("Réponse au très bon révérend Père Noël", Œ.C., p.373)*. Pascal pense qu'il est indispensable de *démontrer* l'existence d'un objet mais qu'on ne peut exiger de preuves pour montrer *qu'il n'existe pas* (ce point de vue se rapproche des principes de la justice : on doit prouver la culpabilité mais on n'a pas le droit d'exiger de l'accusé qu'il prouve son innocence).

À cette époque, la sœur de Pascal, Gilberte (devenue Madame Perrier) vit à Clermont ; son mari Florent Perrier qui travaille au tribunal s'intéresse également aux sciences, à ses moments perdus. Le 15 novembre 1646, Pascal lui écrit pour lui demander de comparer le niveau du mercure dans le tube de Torricelli au pied et au sommet du Puy de Dôme. "S'il arrive que la hauteur du vif-argent soit moindre en haut qu'au bas de la montagne (comme j'ai beaucoup de raisons pour le croire, quoique tous ceux qui ont médité sur cette matière soient contraires à ce sentiment), il s'ensuivra nécessairement que la pesanteur et pression de l'air est la seule cause de cette suspension du vif-argent, et non pas l'horreur du vide, puisqu'il est bien certain qu'il y a beaucoup plus d'air qui pèse sur le pied de la montagne, que non pas sur son sommet ; au lieu qu'on ne saurait pas dire que la nature abhorre le vide au pied de la montagne plus que sur son sommet" *(Lettre à M. Perrier du 15 Novembre 1647, Œ.C., p.394)*. Toutefois, l'expérience fut repoussée pour différentes raisons et ce n'est que le 19 septembre 1648 qu'elle eut lieu en présence de "personnes de condition de cette ville de Clermont". Dès la fin de l'année, une brochure réunissant les lettres de Pascal et de Perrier et le récit de l'expérience était publiée. À 500 mètres d'altitude, la colonne de mercure s'élevait à 82,5 millimètres ; on raconte que Pascal fut lui-même très surpris du résultat. Les témoins durent constater les faits ("Ce qui nous satisfit pleinement"), la différence était indéniable. On pensa aussitôt à pratiquer des expériences analogues avec des différences d'altitude plus modestes. Ainsi, on s'aperçut que la différence de niveau entre le bas et le sommet des tours de Notre Dame de Clermont (39 m) était de 4,5 mm. Si Pascal avait pu prévoir cela, il n'aurait certainement pas attendu dix mois pour faire son expérience. Dès qu'il reçut la nouvelle, il se mit à faire des mesures sur les bâtiments les plus hauts de Paris et pu constater le bien-fondé de ses hypothèses. On appela cette expérience la "Grande expérience de l'équilibre des liqueurs" *(Œ.C., p.392)*. Un point reste cependant mystérieux : Descartes aurait déclaré être l'initiateur de cette expérience. Étrangement, Pascal ne cite jamais son nom.

Pascal continue son programme d'expériences en utilisant en plus des tubes barométriques, d'énormes siphons (en choisissant un petit tube afin que le siphon ne fonctionne pas) ; il enregistre différents résultats dans diverses régions de France (Paris, l'Auvergne, Dieppe). Il sait que le baromètre peut servir d'altimètre tout en reconnaissant que la relation hauteur de mercure/altitude est très complexe (il ne l'a pas encore établie). Il remarque qu'en un même lieu le niveau de mercure change avec le temps —ce qui semble évident aujourd'hui puisque la fonction essentielle du baromètre est précisément d'indiquer les variations météorologiques. Torricelli voulait construire un "instrument à mesurer les changements d'air". Finalement, Pascal décide de calculer le poids de l'air ("J'ai voulu avoir ce plaisir et j'en ai fait le compte…"). Le résultat obtenu fut "huit millions de millions, deux cent quatre vingt trois mille huit cent quatre vingt neuf millions de millions, quatre cent quarante mille millions de livres". *(Œ.C., p.456)*.

Notre objet n'est pas ici d'étudier les autres expériences de Pascal sur l'équilibre des fluides et des gaz qui ont fait de lui, au même titre que Galilée et Simon Stevin, l'un des fondateurs de l'hydrostatique.

On peut citer ici le principe de Pascal, la presse hydraulique, le principe des vases communicants. Pascal est également l'auteur d'expériences spectaculaires pour illustrer la découverte de Stevin qui montra que la pression d'un liquide sur le fond d'un récipient ne dépend pas de la forme de celui-ci mais du niveau du liquide. Les recherches de Pascal furent malheureusement interrompues en 1653, à la suite d'événements tragiques dont nous parlerons dans les pages suivantes.

"La géométrie du hasard"

En janvier 1646, Étienne Pascal glissa sur du verglas et se démit la hanche ; cet accident, qui faillit lui coûter la vie, marqua beaucoup son fils et eut des conséquences néfastes sur sa santé. Ses migraines devinrent intolérables, il ne se déplaçait plus qu'avec des béquilles et ne pouvait avaler que quelques gouttes de thé brûlant. C'est en discutant avec les médecins de son père que Blaise Pascal découvrit Jansénius (1585-1638) dont les enseignements se répandaient alors en France, remettant en question la doctrine jésuite qui régnait depuis près de 100 ans. Pascal fut particulièrement attiré par les idées de Jansénius sur la science : peut-on laisser libre cours à la curiosité insatiable de l'homme, à sa "concupiscence" (comme disait Jansénius) ? Pascal se met alors à considérer son activité scientifique comme un péché et le mal qui le poursuit, comme un juste châtiment. C'est ce qu'il appellera "sa première conversion". Dès lors, il décide d'abandonner toute forme de recherche pouvant aller contre Dieu. Cependant, comme on l'a vu plus haut, il ne se résout pas à tout laisser tomber et reprend ses expériences dès que son mal s'apaise.

Sa santé s'étant un peu améliorée, un nouveau Pascal surgit, inconnu de ses proches : en 1651, il supportera très courageusement la mort de son père et jugera très froidement le rôle de celui-ci dans sa vie, l'influence de son éducation, réaction frappante lorsque l'on sait ce qui s'était passé quelques années auparavant au moment de l'accident.

Puis Pascal rencontre de nouveaux amis peu portés au jansénisme. Il voyage dans la suite du comte de Roanne et y fait connaissance du Chevalier de Méré, homme intelligent et cultivé bien que suffisant et superficiel. Sa compagnie était fort recherchée, ce qui explique que son nom soit resté dans l'histoire. Il écrivait régulièrement à Pascal pour lui faire part de ses réflexions notamment en mathématiques ; ses propos apparaissent aujourd'hui bien naïfs et, aux dires de Sainte-Beuve, "de telles lettres suffisent à en déprécier l'auteur et le destinataire aux yeux des générations futures". Toutefois, Pascal continua à fréquenter le chevalier de Méré avec qui il goûtait aux joies de la vie mondaine.

Voyons maintenant comment "un problème posé à un sévère janséniste par un homme du monde "donna naissance à la théorie des probabilités" (Poisson). En fait, si l'on en croit les historiens, il s'agit de deux problèmes qui furent énoncés bien avant l'arrivée du chevalier de Méré. Le premier était de savoir combien de fois il faut jeter les dés pour que la probabilité d'obtenir au moins une fois une paire de six dépasse celle de ne pas l'obtenir. Méré avait lui-même trouvé la solution mais malheureusement, par deux méthodes différentes, il arrivait à deux résultats différents : 24 et 25 coups. Certain de la justesse des deux méthodes, il explique ces deux résultats différents par "l'inconstance de la mathématique". Le résultat de Pascal est 25 mais il ne le publie pas ; ce qui l'intéresse avant tout, c'est le deuxième problème de "la valeur des partis". Au début du jeu, tous les joueurs (qui peuvent être plus de deux) font leur mise ; le jeu se fait en plusieurs parties et il faut en remporter un certain nombre pour gagner le pot. Le problème est de savoir comment répartir le pot équitablement entre les joueurs en fonction du nombre de parties qu'ils ont gagnées lorsque le jeu n'est pas mené jusqu'au bout (lorsque personne n'a gagné assez de parties pour recevoir le pot). Pascal écrit que de Méré "n'avait jamais pu trouver la juste valeur des partis ni de biais pour y arriver". Dans l'entourage de Pascal personne ne comprit la solution qu'il proposa. Finalement, c'est en 1654 qu'il trouve un interlocuteur à son niveau : il s'agit de Pierre de Fermat avec qui il entretient une correspondance (de juillet à octobre 1654) qui est à l'origine de la théorie des probabilités. Fermat propose une autre méthode pour résoudre le problème des mises mais les résultats sont les mêmes que ceux de Pascal qui écrira : "Voilà notre intelligence rétablie". *(Œ.C., p.90)*. "Je vois bien que la vérité est la même à Toulouse et à Paris". *(À Fermat, Œ.C., p.77)*. Il se félicite d'avoir un interlocuteur de choix et désire dorénavant rester en contact avec lui ("Je voudrais désormais vous ouvrir mon cœur, s'il se pouvait", ibidem).

Et c'est cette même année que Pascal publie un de ses ouvrages les plus célèbres : le *Traité du triangle arithmétique* que l'on appelle aussi triangle de Pascal, bien qu'il semble qu'en fait, on l'ait connu déjà dans l'Inde antique et que Stigfel en parle déjà au XVIe siècle.

En voici la formule :

$$C(n, k) = C(n-1, k) + C(n-1, k-1).$$

C'est la première fois que le principe de l'induction mathématique figure dans un traité (cependant, on l'utilisait déjà depuis longtemps sous la forme que nous connaissons aujourd'hui). En 1654, Pascal communique à la "Grande Académie" de Paris la liste des travaux qu'il compte publier. Parmi eux se trouve le traité "qui peut revendiquer ce titre étonnant : *La géométrie du hasard*", Stupendum *hunc titulum jure arrogat aleae Geometria* *("Celeberrimae", Œ.C., p.74)*.

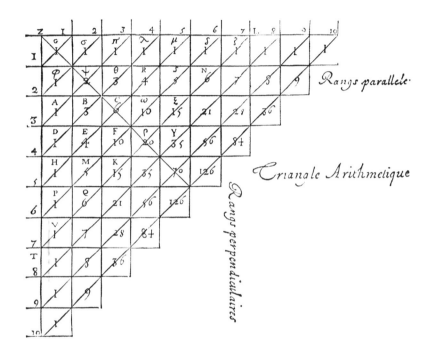

Le triangle arithmétique.

Louis de Montalte

Peu après la mort de son père, Jacqueline Pascal se retire dans un monastère ; Blaise perd ainsi un être qui lui est très cher. Il décide d'abord de vivre comme ses contemporains, d'acheter une charge et de se marier. Mais il en ira autrement : mi-novembre 1634, alors qu'il traverse un pont, ses deux premiers chevaux s'emballent et sa voiture reste suspendue au-dessus du vide. Depuis ce jour, écrit La Mettrie, Pascal doit toujours être entouré de chaises ou bien doit avoir un voisin à sa gauche, pour ne pas revoir le gouffre dans lequel il avait failli tomber (bien que parfaitement conscient que ce n'était qu'une illusion).

Le 23 novembre, il a une attaque de nerfs d'une violence inhabituelle ; dans un état second, il prend un morceau de papier et y inscrit les idées qui lui passent par la tête : "Si Dieu d'Abraham, d'Isaac, Dieu de Jacob, non des Philosophes et des Savants…" *(Œ.C., p.554)* Il réécrit plus tard cette phrase sur un parchemin que l'on retrouvera après sa mort cousu dans son habit. C'est la deuxième conversion de Pascal.

Après cela, aux dires de Jacqueline, Pascal ressent un profond mépris pour les choses de ce monde et un dégoût insurmontable pour tout ce qui l'entoure. Il interrompt ses recherches et début 55 va se réfugier à Port-Royal, le bastion des jansénistes, pour y mener une vie monacale.

Il y écrit les *Provinciales* ; ces 18 lettres qui sont une critique du jésuitisme furent publiées séparément entre le 23 janvier 1656 et le 23 mars 1657 sous le pseudonyme de Louis de Montalte (ce mont serait le Puy de Dôme). Les *Provinciales* sont lues dans toute la France et déclenchent une vague d'indignation parmi les jésuites : Louis de Montalte est traité d'hérétique. On fait procéder à une enquête (supervisée par Séguier qui, on s'en souvient avait patronné la construction de la machine à compter) et en 1660, on ordonne de brûler le livre du faux Montalte. Mesure purement symbolique, la tactique de Pascal portait ses fruits. Voltaire a dit qu'on voulait alors dégoûter les gens de la doctrine jésuite mais que Pascal fit bien mieux, il la ridiculisa. Les premiers tartuffes entraient dans la littérature avant même le Tartuffe de Molière.

En écrivant les *Provinciales,* Pascal se rendait compte qu'il n'y a pas qu'en mathématiques que la logique est importante. À Port-Royal, on se préoccupait beaucoup du système éducatif et il existait même des écoles jansénistes. Pascal lui aussi s'y intéressa et il écrivit une série de remarques sur l'enseignement de la lecture (il pensait qu'il ne fallait pas commencer par apprendre l'alphabet). Après sa mort en 1667, furent publiés deux extraits de *La raison du géomètre* et *L'art de convaincre.* Il ne s'agit pas d'un traité scientifique mais d'une introduction à un manuel de géométrie destiné aux écoles jansénistes.

Les écrits de Pascal frappent par leur précision et leur concision. "Prouver toutes les propositions un peu obscures, et n'employer à leur preuve que des axiomes très évidents, ou des propositions déjà accordées ou démontrées… Substituer toujours mentalement les définitions à la place des définis, pour ne pas se tromper par l'équivoque des termes que les définitions ont restreints." *(Œ.C., p.597).* Jacques Hadamard (1865-1963) en a déduit que Pascal était à deux doigts de révolutionner toute la logique faisant ainsi avancer l'histoire de trois siècles (il pensait sans doute à la théorie axiomatique qui s'est développée après la découverte de la géométrie non-euclidienne).

La vie de Pascal est parsemée d'événements plus étranges les uns que les autres. En 1654, sa nièce Marguerite est atteinte d'une tumeur à l'œil et les médecins sont unanimes pour affirmer que le mal est incurable. En mars 1657, la tumeur a encore grossi et l'on décide de lui appliquer la "sainte Épine", relique de la couronne du Christ conservée à Port-Royal. Peu après, la tumeur était guérie : le miracle de la sainte Épine, comme l'appelle Gilberte, mère de

Marguerite, "fut attesté par plusieurs chirurgiens et médecins, et autorisé par le jugement solennel de l'Église." *(Œ.C., p.15)*. Cet événement fit beaucoup de bruit et, pour la seconde fois, on faillit fermer Port-Royal. Quant à Pascal "La joie qu'il en eut fut si grande qu'il en était tout pénétré ; et comme son esprit ne s'occupait jamais de rien sans beaucoup de réflexion, il lui vint à l'occasion de ce miracle particulier plusieurs pensées très importantes sur les miracles en général…" *(Œ.C., p.19)*. Le grand scientifique croyait aux miracles… il écrit : "Il n'est pas possible de croire raisonnablement contre les miracles" *(LP, p.487)*, il essaie d'en donner une définition : "Miracle : c'est un effet qui excède la force naturelle des moyens qu'on y emploie" *(LP, p.702)*. On essaya par la suite d'expliquer rationnellement cette étrange guérison (on a dit par exemple que la tumeur n'était qu'un abcès dû à un petit morceau de métal et que l'épine aurait eu un pouvoir magnétique). C'est à partir de cette époque que le sceau de Pascal représente un œil entouré d'une couronne d'épines.

Amos Dettonville

Vers la fin de sa vie, Pascal réfléchit à la portée et au rôle des sciences : "J'avais passé longtemps dans l'étude des sciences abstraites et le peu de communication qu'on en peut avoir m'en avait dégoûté. Quand j'ai commencé l'étude de l'homme, j'ai vu que ces sciences abstraites ne sont pas propres à l'homme, et que je m'égarais plus de ma condition en y pénétrant que les autres en l'ignorant." *(LP, p.110)*. Mais Pascal continue ses recherches en mathématiques.

Puis voilà qu'une nuit de l'année de 1658 Pascal, souffrant d'une terrible rage de dents se souvient d'un problème que lui avait soumis Mersenne à propos de la cycloïde. Emporté par ses pensées, il remarque que le mal se fait moins pénible ; au matin, il a trouvé la solution ; quant au mal, il est complètement oublié. Pascal se dit d'abord qu'il a péché et décide de ne pas faire part de ses résultats. Puis, sous l'influence du comte de Roannez, il change d'avis et Gilberte raconte que pendant huit jours il ne "faisait d'écrire tant que sa main pouvait aller…" *(Œ.C., p.20)*, trop épuisée. À la fin de l'année, il organise —comme c'était alors la mode— un concours s'adressant aux plus grands mathématiciens de l'époque : il s'agit des six problèmes sur la cycloïde. Comme on l'a vu, c'est Huygens qui obtint les meilleurs résultats ainsi que John Wallis (1616-1703) qui avait lui réussi à démontrer les six problèmes, mais avec certaines imperfections. Le meilleur résultat était toutefois l'œuvre d'un certain Amos Dettonville. Huygens dira que ce travail était si parfait qu'on ne pouvait rien y ajouter de plus. Comme vous l'avez deviné, il s'agissait là de Pascal (Amos Dettonville étant l'anagramme de Louis de Montalte. *Il utilisa un autre anagramme : Salomon de Tultie, pour signer ses Pensées*). Et c'est lui qui reçut finalement les 60 pistoles promises au vainqueur.

Voyons en quelques mots quel en était le sujet. Nous avons déjà parlé de la cycloïde, cette courbe décrite par un point qui roule sur une droite sans glisser. Le premier intérêt de la cycloïde, c'est qu'elle pose toute une série de problèmes pouvant être résolus de façon élémentaire (par exemple, selon le théorème de Torricelli, pour mener la tangente à une cycloïde, il suffit de construire le cercle correspondant au mouvement de roulement et de construire la droite joignant le sommet du cercle au centre). Autre théorème que Viviani et Torricelli ont formulé d'après Galilée : la surface de la figure courbe limitée par l'arc d'une cycloïde est égale à la surface du cercle correspondant.

Dans ses travaux, Pascal entend tout démontrer, même les propositions les plus élémentaires (la surface et le centre de gravité d'un segment quelconque de la cycloïde, le volume d'un solide de révolution). Il réunit ainsi tous les éléments nécessaires au calcul différentiel et intégral. Leibniz qui est avec Newton le père de cette théorie écrit que la découverte des œuvres de Pascal que lui avait conseillées Huygens lui ouvrit de nouveaux horizons ; il s'étonnait que Pascal se fut arrêté si près du but.

L'histoire du calcul différentiel et intégral a ceci de particulier que l'intuition de ses auteurs fut pendant longtemps la seule justification ; les démonstrations datent de l'époque où furent introduits de nouveaux concepts et une symbolique spécifique. On a dit que la langue mathématique n'était pas assez développée pour permettre des raisonnements élaborés ; Pascal n'eut recours à aucun symbolisme car son expression était si claire qu'elle se suffisait à elle-même. Bourbaki a dit que Wallis en 1655, et Pascal en 1658 fabriquèrent pour leur usage personnel un langage algébrique qui, sans faire figurer les formules donnait des explications telles que celui qui avait compris pouvait aussitôt les reconstituer. La langue de Pascal est exceptionnellement claire et précise et l'écrivain Pascal fut toujours d'un grand secours pour le mathématicien Pascal.

Les Pensées

Après 1659, Pascal abandonne définitivement la physique et la mathématique. Fin mai 1660, il retourne pour la dernière fois à Clermont, sa ville natale. Fermat l'invite à aller jusqu'à Toulouse, mais Pascal refuse, sa santé ne lui permettant plus de voyager. Ses intérêts ont changé, dira-t-il et la géométrie ne fait plus partie de ses préoccupations… Cependant, écrit-il à Fermat, "Je vous dirai ainsi que, quoique vous soyez celui de toute l'Europe que je tiens pour le plus grand géomètre, ce ne serait pas cette qualité-là qui m'aurait attiré ; mais que je me figure tant d'esprit et d'honnêteté en votre conversation, que c'est pour cela que je vous rechercherais. Car pour vous parler franchement de la géométrie, je la trouve le plus haut exercice de l'esprit ; mais en même temps je la connais pour si inutile, que je fais peu de différence entre un homme qui n'est que géomètre et un habile artisan. Aussi je l'appelle le plus beau métier du monde ; mais enfin ce n'est qu'un métier et j'ai dit souvent qu'elle est bonne pour faire l'essai, mais non pas l'emploi de notre force…" *(À Fermat, 10 août 1660, Œ.C., p. 522)*. Il parle ensuite de sa santé : "je suis si faible que je ne puis marcher sans bâton ni me tenir à cheval. Je ne puis même faire que trois ou quatre lieues au plus en carrosse…" *(Ib)*. Au mois de décembre, Huygens se rend chez Pascal et découvre un vieillard fatigué (Pascal a alors 37 ans) qui n'est plus capable de soutenir une conversation.

Pascal a décidé de réfléchir sur les questions fondamentales de la vie ; il est désemparé. "Je ne sais qui m'a mis au monde, ni ce que c'est que le monde, ni que moi-même. Je suis dans une ignorance terrible de toutes choses… comme je ne sais d'où je viens aussi je ne sais où je vais… Voilà mon état : plein de faiblesse et d'incertitude". Ses connaissances ne lui sont d'aucun secours : "Dans la douleur, la physique et la mathématique ne peuvent rien pour moi". S'il déclarait autrefois que la véritable preuve n'existe qu'en géométrie, désormais, tout est différent (même si certains essaient de créer une théorie scientifique de la morale). Pouchkine écrit non sans ironie : "Pascal écrivait que tout ce qui dépasse la géométrie nous dépasse, après quoi il écrit *Les Pensées*. Cependant, Pascal n'y voit pas de contradiction, c'était pour lui une façon d'atteindre la vérité. "Toute notre dignité consiste donc en la pensée. C'est de là qu'il faut nous relever et non de l'espace et de la durée, que nous ne saurions remplir. Travaillons donc à bien penser : voilà le principe de la morale" *(LP, p.186)*. Il revient sans arrêt sur ce problème : "L'homme est visiblement fait pour penser. C'est toute sa dignité et tout son mérite ; et tout son devoir est de penser comme il faut… Or à quoi pense le monde ? … à danser, à jouer du luth, à chanter, à faire des vers, à courir la bague, etc., à se battre, à se faire roi…" *(LP, p.527)*. "Toute la dignité de l'homme est en la pensée. Mais qu'est-ce que cette pensée , Qu'elle est sotte !" *(LP, p.636)*. Et puis bien penser peut être dangereux : "L'extrême esprit est accusé de folie comme l'extrême défaut ; rien que la médiocrité n'est bon." *(LP, p.468)*. Pascal réfléchit également au rôle de la religion : peu de questions échappent à ses réflexions. Il se penche sur l'histoire de l'humanité et insiste sur la place du hasard ("Le nez de Cléopâtre s'il eût été plus court, toute la face de la terre aurait changé." *(LP, p.392)*). Il souligne le tragique du destin de l'homme : "Se peut-il rien de plus plaisant qu'un homme ait le droit de me tuer parce qu'il demeure au-delà de l'eau et que son prince a querelle contre le mien, quoique je n'en aie aucune avec lui ?" *(LP, p.56)*. Les remarques de Pascal sur toutes ces questions sont exceptionnellement lucides ; Napoléon, en exil à Sainte-Hélène, a dit qu'il aurait fait de Pascal un sénateur.

Mais Pascal n'acheva pas le grand travail de sa vie ; ses écrits furent publiés après sa mort sous différents titres mais *Les Pensées* sont sans aucun doute la version la plus connue. Elles eurent un immense succès. Tourgueniev disait que *Les Pensées* étaient "le livre le plus épouvantable et le plus exécrable" qu'il ait jamais lu mais que "personne n'a jamais souligné ce que souligna Pascal : son angoisse, ses terribles malédictions ; Byron est largement dépassé… Mais quelle grandeur, quelle profondeur et quelle clarté ; quelle force, quelle liberté et quelle hardiesse". Tchernychevski écrit : "Mourir de trop d'intelligence, quelle belle mort." Dostoïevsky remit en question les idées de Pascal, quant à Tolstoï, il le plaçait parmi les penseurs les plus grands et son nom revient sans arrêt (près de 200 fois) dans son *Cercle de lecture*. Pour Tolstoï, Pascal est "un écrivain qui écrit avec le sang de son cœur".

Blaise Pascal s'éteint le 19 août 1662 ; on l'enterra le 21 en l'église de Saint-Étienne du Mont. L'acte dit : "Le dimanche 21 août 1662, enterrement de Blaise Pascal, fils d'Étienne Pascal, conseiller d'État et président de la Chambre des Recettes de Clermont-Ferrand. 50 ecclésiastiques. Collecte : 20 francs."

Le prince
des mathématiciens

"Nihil actum reputans si quid superesset agendum." (*"Rien n'est fini si quelque chose est resté inachevé."*) *Devise de Gauss.*

En 1854, la santé du "conseiller secret" Gauss (comme l'appelaient ses collègues de Göttingen) empire : il ne peut plus désormais faire la promenade qu'il faisait quotidiennement depuis deux ans, de l'observatoire au musée de littérature. Il a 80 ans et pour la première fois de sa vie, il accepte de consulter un médecin. À l'approche de l'été, il se sent mieux et va même assister à l'inauguration de la voie de chemin de fer Hanovre-Göttingen. En 1855, Gauss pose pour le peintre Gesemann et c'est d'après ce portrait que l'on frappa une médaille à la demande de la Cour de Hanovre après la mort du grand savant. Sous le portrait, une inscription : *Mathematicorum princeps* (le Prince des Mathématiciens). Chacun sait que l'histoire des rois doit commencer au berceau et être tissée de légendes ; c'est le cas de l'histoire de Gauss.

1. Les débuts

"L'acharnement avec lequel Gauss travaillait, son enthousiasme d'adolescent qui le faisait venir à bout des problèmes les plus compliqués expliquent sa force exceptionnelle ; il était capable, une fois les obstacles surmontés de continuer à aller de l'avant, précédant par là tous ses contemporains. En plus de sa force créatrice, Gauss possédait un autre atout, sa jeunesse. Le génie mathématique, comme tout autre talent se développe au moment de l'adolescence qui est une période riche en révélations décisives pour l'avenir de l'homme qui se dessine. C'est pendant ces années qu'un esprit doué constitue la base qui lui permettra plus tard d'accomplir de grandes œuvres" (Klein).

Carl Friedrich Gauss (1777-1855).

Brunswick (1777-1795) : Chez les Gauss, on n'était pas mathématicien de père en fils même si, dans une certaine mesure de par son métier Gérard Dietrich Gauss, père de Carl, était souvent confronté à des problèmes mathématiques. Artisan émérite, il s'occupait surtout de l'installation de fontaines et de jardins. Il travaillait pour des marchands dans les grandes foires de Brunswick et de Leipzig et occupait en outre un emploi permanent au Bureau Central des Pompes Funèbres de Brunswick. Carl Friedrich naquit à Brunswick le 30 avril 1777. Selon ses biographes, il tenait son intelligence de sa mère et sa santé de fer de son père. Un autre personnage marquera l'enfance de Gauss : son oncle Friedrich, tisserand de son état et qui, comme le dira Gauss plus tard, était un génie ignoré. L'enfant sait compter avant de parler et on raconte qu'à l'âge de trois ans alors qu'il écoutait son père faire ses comptes avec ses journaliers, il remarqua une erreur, le fit remarquer à celui-ci qui constata que son fils avait raison.

À sept ans, Carl Friedrich entre à l'école nationale Ekatarina. Le calcul n'y était enseigné qu'à partir de la troisième année ce qui explique que pendant les deux premières années Gauss ne se fit guère remarquer. On entrait en troisième à l'âge de dix ans et l'on y restait généralement jusqu'à sa confirmation (15 ans). Le maître qui devait s'occuper de plusieurs classes d'âge en même temps avait l'habitude de donner de longs problèmes de calcul aux uns pour pouvoir faire travailler les autres. Un jour, il demanda au groupe de Gauss l'addition des entiers de 1 à 100 (par additions successives). Dès qu'ils avaient terminé, les enfants devaient poser leur ardoise sur le bureau du maître ; ce jour-là, à peine la dictée du problème fut-elle finie que Gauss rendit son ardoise. Il s'avéra que tous ses résultats étaient justes. L'explication est simple : pendant la dictée, Gauss avait découvert la formule de la somme de la progression arithmétique. Il va sans dire que l'histoire fit très vite le tour de la ville.

Le maître de Gauss avait un adjoint dont la principale fonction était de tailler les plumes des plus petits. Or, cet aide était un passionné de mathématiques et possédait quelques ouvrages. Gauss ne tarda pas à s'apercevoir de cela et décida de s'associer à ses recherches. Ils découvrirent ainsi le binôme de Newton, les séries infinies... Puis, le jeune adjoint est nommé à la chaire de mathématiques de l'université de Kazan où Lobatchevski sera son élève.

En 1788, Gauss entre au lycée : on n'y enseigne pas les mathématiques et Carl Friedrich doit se plonger dans l'étude des langues étrangères. Il fait des progrès extraordinaires et au bout de quelques années, il ne sait plus s'il veut être philologue ou mathématicien. L'histoire de Gauss parvient alors jusqu'à la Cour. En 1791, on le présente à Charles Guillaume Ferdinand, duc de Brunswick, qui décide de le faire entrer à l'université de Göttingen en octobre. Gauss ne fréquentera que les cours de philologie mais poursuivra ses recherches en mathématiques pour son plaisir. Félix Klein, remarquable mathématicien du XIXe siècle, spécialiste de l'œuvre de Gauss écrit :

"Un intérêt naturel, une sorte de curiosité enfantine conduisent d'abord le jeune homme vers les mathématiques sans qu'aucune influence extérieure ne l'y pousse. Il est attiré par l'art du calcul et compte sans se lasser avec une énergie infatigable. Et c'est grâce à ces exercices permanents, cette manipulation des nombres (notamment des fractions décimales à plusieurs chiffres) qu'il acquiert cette faculté étonnante de tout calculer, que sa mémoire devient capable d'emmagasiner un nombre de données extraordinaire et de jongler avec les chiffres comme personne ne le fit jamais ni ne le fera par la suite. À force de manier les chiffres, il découvre "expérimentalement" les principales lois ; cette méthode qui va à l'encontre des principes professés aujourd'hui [XIXe siècle] en mathématiques s'était répandue au XVIIIe siècle, on la rencontre par exemple chez Euler. Tout d'abord conçue comme un divertissement intellectuel, elle conduit parfois à des découvertes fondamentales et c'est ici qu'intervient le "génie" qui guide le savant dans des voies inconnues qui aboutissent au secret que tout le monde recherchait. Puis voici l'année 1795 sur laquelle nous possédons un peu plus d'informations. Gauss se plonge dans le calcul avec une énergie redoublée (il entre alors à l'Université) : c'est l'époque des entiers. Ne disposant d'aucun document, il doit tout démontrer par lui-même. Il construit de grandes tables de nombres premiers, de résidus quadratiques, calcule les fractions décimales $\frac{1}{p}$ de $p = 1$ à $p = 1000$ en mettant en évidence leur période (allant jusqu'à des centaines de chiffres après la virgule). Pour sa dernière table, Gauss essaie d'étudier la relation entre la période et le dénominateur p.

Et c'est une fois encore son intuition et son opiniâtreté (il reconnaissait lui-même que sa supériorité venait de son entêtement) qui le conduisent au but. À l'automne, Gauss part pour Gottingen : il se plonge dans les œuvres d'Euler et Lagrange, qu'il découvre.

Une découverte après 2000 ans

Le 1er juin 1796, le journal *Jenenser Intelligenzblatt* publie cette annonce : "Tout débutant en géométrie doit savoir qu'il est possible de construire [à la règle et au compas] différentes figures : triangles, pentagones ainsi que des polygones obtenus en doublant le nombre des côtés. Ceci est connu depuis Euclide et depuis on a toujours considéré que la géométrie élémentaire s'arrêtait là ; il n'existe pas, que je sache, de tentatives d'aller plus loin. Aussi ma découverte me semble-t-elle particulièrement importante : en plus de ces polygones réguliers, on peut construire géométriquement d'autres figures comme, par exemple des polygones à 17 côtés. Signé : Gauss-Brunswick, étudiant en mathématiques à Göttingen".

C'est la première annonce de la découverte de Gauss. Avant d'en examiner le contenu, rappelons ce que "tout débutant en géométrie doit savoir…"

Construire avec la règle et le compas

Soit un segment d'une longueur donnée, a. En se servant d'une règle et d'un compas, on peut construire de nouveaux segments dont la longueur se calcule à partir de a par multiplication, addition, soustraction, division, extraction de la racine carrée, etc. Par conséquent, en effectuant ces opérations au compas et à la règle, il est possible de construire les segments correspondants. On appelle ces nombres irrationnels quadratiques. On peut démontrer qu'il n'est pas possible de construire d'autres segments à la règle et au compas.

Construire un polygone à n côtés revient à diviser un cercle de rayon l en n parties égales. Les "cordes d'arc" obtenues forment les côtés d'un polygone régulier à n côtés ; la longueur de chaque côté étant de $2\sin\left(\frac{\pi}{n}\right)$. Par conséquent, pour tout n pour lequel $2\sin\left(\frac{\pi}{n}\right)$ est un irrationnel quadratique, on peut construire des polygones réguliers à n côtés à la règle et au compas. Ceci est facilement vérifiable pour $n = 3, 4, 5, 6, 10$.

Montrons que $\sin\left(\frac{\pi}{n}\right)$ est un irrationnel quadratique. Soit un triangle isocèle ABC ; l'angle B est égal à

$$\frac{\pi}{5} = 36°,$$

la longueur $AB = 1$. Soit AD la bissectrice de l'angle A. Alors

$$x = AC = AD = BD = 2\sin\left(\frac{\pi}{10}\right).$$

On a alors :

$$\frac{BD}{DC} = \frac{AB}{AC}; \quad \frac{x}{1-x} = \frac{1}{x}, \quad x = \frac{\sqrt{5}-1}{2}.$$

On obtient un irrationnel quadratique ; il est donc possible de construire le côté d'un polygone à 10 côtés. En outre, si l'on peut diviser le cercle en $p_1 p_2$ parties égales, on peut le diviser en p_1 parties égales (en particulier on peut construire un hexagone). L'affirmation inverse n'est en général pas vraie. Cependant voici deux cas où elle l'est :

1. Si l'on peut diviser une circonférence en p parties égales, on peut la diviser également en $2^k p$ parties égales quel que soit k. Cela en vertu de la règle selon laquelle tout angle peut être divisé en deux au moyen d'une règle et d'un compas.

2. Si l'on peut diviser une circonférence en p_1 et p_2 parties égales (avec p_1, p_1 deux nombres premiers différents) on peut diviser la circonférence en $p_1 p_2$ parties égales. Cela en vertu de la règle selon laquelle la plus grande mesure commune des angles $\frac{2\pi}{p_1}$ et $\frac{2\pi}{p_2}$ est égale à $\frac{2\pi}{p_1 p_2}$, la somme de deux angles commensurables pouvant être faite avec une règle et un compas en particulier

$$\frac{2p}{15} = \frac{1}{2}\left(\frac{2p}{3} - \frac{2p}{5}\right),$$

on peut donc construire un polygone à 15 côtés.

Quelques mots sur les nombres complexes

Nous n'aurons pas besoin ici de connaissances approfondies, nous verrons simplement comment effectuer quelques opérations ainsi qu'une interprétation géométrique. Rappelons qu'un nombre complexe

$$z = a + ib$$

correspond à un point de coordonnées (a, b) et à un vecteur passant par ce point et partant du point $(0, 0)$. La longueur de ce vecteur,

$$r = \sqrt{a^2 + b^2}$$

s'appelle module de z. Il peut s'écrire sous une forme trigonométrique,

$$z = a + ib = r(\cos \varphi + i \sin \varphi);$$

l'angle φ est l'argument de z.

La multiplication des nombres complexes correspond à celle des vecteurs ; lorsqu'on multiplie deux nombres complexes, les vecteurs se multiplient, les arguments s'additionnent. D'où l'existence de n racines pour l'équation

$$z^n = 1.$$

On les exprime généralement par :

$$\varepsilon_k = \cos\left(\frac{2\pi k}{n}\right) + i \sin\left(\frac{2\pi k}{n}\right), \quad k = 0, 1, \ldots, n-1. \quad (1)$$

Il est facile de démontrer que l'extrémité des vecteurs ε_k sont les sommets d'un polygone régulier à n côtés. Si l'on arrive à montrer que les (ε_k) sont des irrationnels quadratiques (c'est-à-dire que leur partie matérielle et imaginaire possèdent ces propriétés), on pourra alors affirmer qu'il est possible de construire un polygone à n côtés à la règle et au compas.

Les polygones réguliers et les racines de l'unité

Transformons l'équation $z^n = 1$

$$z^n - 1 = (z - 1)(z^{n+1} + z^{n+2} + \cdots + z + 1) = 0.$$

On obtient deux équations :

$$z = 1$$

et

$$z^{n+1} + z^{n+2} + \cdots + z + 1 = 0. \quad (2)$$

Les racines de (2) sont (ε_l) pour

$$1 \leq k \leq n - 1.$$

Nous étudierons désormais l'équation (2). Pour $n = 3$, on a l'équation : $z^2 + z + 1 = 0$. Ses racines sont

$$\varepsilon_1 = -\frac{1}{2} + i\frac{\sqrt{3}}{2} \quad \varepsilon_2 = -\frac{1}{2} - i\frac{\sqrt{3}}{2}.$$

Pour $n = 5$, c'est un peu plus compliqué, on a une équation du $4^{\text{ème}}$ degré :

$$z^4 + z^3 + z^2 + z + 1 = 0, \tag{3}$$

qui a quatre racines ε_1, ε_2, ε_3 et ε_4. Bien qu'il existe une formule (la formule de Ferrari) pour résoudre les équations du $4^{\text{ème}}$ degré, il est ici pratiquement impossible de l'appliquer. On utilisera dans ce cas l'équation (3) sous la forme suivante :

$$z^2 + \frac{1}{z^2} + z + \frac{1}{z} + 1 = 0, \text{ ou } \left(z + \frac{1}{2}\right)^2 + \left(z + \frac{1}{z}\right) - 1 = 0.$$

On fait une substitution : $w = z + \dfrac{1}{z}$:

$$w^2 + w - 1 = 0. \tag{4}$$

D'où
$$w_{1,2} = \frac{-1 \pm \sqrt{5}}{2}.$$

On peut alors arriver à ε_k à partir des équations

$$z + \frac{1}{z} = w_1 \quad z + \frac{1}{z} = w_2 \tag{5}$$

mais cela ne nous est pas utile, il nous suffit ici de savoir que le double de la partie réelle de ε_1 vaut :

$$2\cos\left(\frac{2\pi}{5}\right) = \varepsilon_1 + \varepsilon_4 = \varepsilon_1 + \frac{1}{\varepsilon_1} = w_1 = \frac{-1 + \sqrt{5}}{2},$$

w_1 étant un irrationnel quadratique, ε_1 et ε_4 sont également des irrationnels quadratiques. Pour ε_2 et ε_3, on procède exactement de la même façon.

Ainsi pour $n = 5$, le problème peut être formulé sous la forme de deux équations quadratiques. On commence par résoudre (4) dont les racines sont les sommes $\varepsilon_1 + \varepsilon_4$ et $\varepsilon_2 + \varepsilon_3$ des racines symétriques de l'équation (3) puis, à partir de l'équation (5) on détermine les racines de l'équation (3).

C'est de cette façon que Gauss construisit le polygone régulier à 17 côtés ; il existe ici aussi des groupements de racines dont les sommes peuvent être calculées d'après des équations quadratiques mais comment déterminer les "bons groupements". C'est Gauss qui découvrit le moyen surprenant de les trouver.

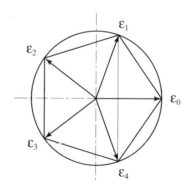

Figure 11

La construction d'un polygone régulier à 17 côtés

"Le 30 mars 1796 devait être un grand jour dans la vie de Gauss. Depuis longtemps déjà, il s'amusait à calculer les racines complexes de l'unité. Et voilà que ce matin-là, en se réveillant, il réalisa qu'à partir de sa théorie "des racines primitives", on pouvait construire un polygone à 17 côtés… Cet événement marqua un grand tournant dans sa vie : c'est précisément ce jour-là qu'il décida d'abandonner les langues pour se consacrer exclusivement à la mathématique" (F. Klein.).

Arrêtons-nous maintenant sur quelques étapes de son raisonnement. L'un des jeux favoris du jeune Gauss consistait à diviser 1 par des entiers p et à inscrire le résultat ; parfois, il s'agissait de nombres très longs et il attendait avec impatience de voir quand la séquence se répétait. Cela pouvait durer fort longtemps : ainsi pour $p = 97$, la période est de 97 chiffres après la virgule ; pour $p = 337$, elle est de 336. Mais loin de se décourager, Gauss voyait dans ces calculs un moyen de pénétrer un peu plus dans le royaume des chiffres. Il fit ces calculs pour tout p inférieur à 1000.

On sait que Gauss ne chercha pas tout de suite à mettre en évidence la période des fractions. Cependant, il n'eut pas de mal à y arriver, il suffisait en effet de ne pas s'intéresser aux chiffres du quotient mais aux restes. Ainsi, les séquences vont se reproduire de façon identique à partir du moment où l'on aura un reste égal à 1 (pourquoi ?). Il faut trouver k tel que $10^k - 1$ soit divisible par p. Comme il y a un nombre fini de restes possibles (entre 1 et $p - 1$), pour certains entiers k_1 et k_2 (supérieur à k_1) 10^{k_1} et 10^{k_2} donnent le même reste dans la division par p et alors (vérifiez !) :

$$b = \left(10^{k_2 - k_1} - 1 \right)$$

est divisible par p.

Il est un peu plus difficile de montrer que k peut toujours être pris égal à $(p-1)$, c'est-à-dire que 10^{p-1} est toujours divisible par p (avec $p = 2, 5$). On a là un cas particulier de ce que l'on a l'habitude d'appeler "Petit théorème de Fermat" (1601-1655). Lorsque celui-ci le découvrit, il écrivit "la lumière m'est apparue". Le jeune Gauss l'a redécouvert ; par la suite, il ne cessera d'insister sur l'importance de ce théorème dont les applications sont innombrables.

Gauss était intéressé par le plus petit k tel que 10^k soit divisible par p : dans ce cas, k est toujours diviseur de $p - 1$. Quelquefois

$$k = p - 1$$

(par exemple pour $p = 7, 17, 18, 23, 29$). On ne sait toujours pas si le nombre de ces valeurs p est infini ou non. Gauss remplace 10 par un nombre a quelconque et cherche à trouver a tel que $a^k - 1$ ne soit pas divisible par p avec $k < p - 1$ (on suppose que a n'est pas divisible par p) : on appellera alors p racine primitive de a. On a p racines primitives lorsque le reste de la division de

$$1, a, a^2, \ldots, p - 1$$

par p comporte tous les nombres $0, 1, 2, \ldots, p - 1$ (pourquoi ?)

Gauss ne savait pas alors qu'Euler (1707-1783) avait examiné le problème : il avait conjecturé (sans toutefois parvenir à le démontrer) que *tout nombre premier possède au moins une racine primitive*. La première preuve de la démonstration de la conjecture d'Euler fut fournie par Legendre (1752-1833). Celle de Gauss qui était certes très fine n'arrivait qu'après ; il avait passé beaucoup de temps à examiner des exemples concrets. Il savait par exemple que pour $a = 17$, la racine primitive est 3. Le tableau suivant indique dans la première ligne, les valeurs de k et au-dessous les restes de la division de 3^k par 17.

0	1	2	3	4	5	6	7	8	9	10	11	12	13	14	15
1	3	9	10	13	5	15	11	16	14	8	7	4	12	2	6

Ces calculs sont à la base du regroupement des racines de l'équation

$$z^{16} + z^{15} + z^{14} + \cdots + z + 1 = 0 \qquad (6)$$

(pour arriver à la réduire d'une succession d'équations quadratiques).

Gauss pense qu'il faut trouver une nouvelle numérotation des racines. Donnons à la racine ε_k une nouvelle valeur s (on l'écrira $\varepsilon_{[s]}$; k étant le reste de la division de $3s$ par 17. Pour passer d'une numérotation à l'autre, on peut utiliser le tableau ; on trouve k dans la deuxième ligne et la valeur s correspondante au-dessus mais il est encore plus pratique de faire un schéma : les anciens nombres figurent à l'extérieur, les nouveaux à l'intérieur. C'est cette numérotation qui permit à Gauss, en regroupant les racines (6) de résoudre l'équation (6) comme une équation quadratique.

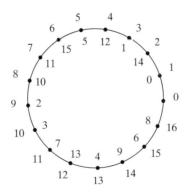

Figure 12

On prend d'abord $\sigma_{2,0}$ et $\sigma_{2,1}$ correspondant aux sommes des racines $\varepsilon_{[s]}$ avec s pair ou impair (chaque somme comportant 8 racines). Chacune est respectivement la somme des 8 racines pour lesquelles la division de s par 2 donne pour reste (*resp*.1). Ces sommes sont des racines d'une équation quadratique à coefficients entiers. On prend ensuite les sommes des racines $\varepsilon_{[s]}$ avec s tel que la division de s par 4 donne respectivement le reste 0, 1, 2, ou 3. On va montrer que ces valeurs sont les racines d'équations quadratiques dans lesquelles les coefficients arithmétiques s'expriment à partir de $\sigma_{2,0}$ et $\sigma_{2,1}$. Enfin, on fait les sommes $\sigma_{8,i}$ de deux racines $\varepsilon_{[s]}$ en prenant s tel que le reste de la division de s par 8 soit égal à i. On aura des équations quadratiques dont les coefficients seront exprimés en termes de $\sigma_{4,j}$. On a $\sigma_{8,0} = 2\cos\left(\frac{2\pi}{17}\right)$ et du fait que $\sigma_{8,0}$ est un irrationnel quadratique, on déduit qu'on peut construire un polygone régulier à 17 côtés à la règle et au compas.

Les calculs en détail

Montrons que les racines du 17ème degré de l'unité sont des irrationnels quadratiques. On remarque que $\varepsilon_k \varepsilon_s = \varepsilon_{k+s}$ (si $k + s \geq 17$, alors $k + 1$ est remplacé par le reste de la division) et

$$\varepsilon_k = (\varepsilon_1)^k.$$

Remarquons tout d'abord que :

$$\varepsilon_1 + \varepsilon_2 + \cdots + \varepsilon_{16} = \varepsilon_{[0]} + \varepsilon_{[1]} + \cdots + \varepsilon_{[15]} = -1.$$

On peut le voir à partir de la formule de la somme d'une progression géométrique.

Soit $\sigma_{m,r}$ la somme des $\varepsilon_{[k]}$ avec k tel que le reste de la division par m soit r. On a :

$$\sigma_{2.0} = \varepsilon_{[0]} + \varepsilon_{[2]} + \varepsilon_{[4]} + \cdots + \varepsilon_{[14]}$$

$$\sigma_{2.1} = \varepsilon_{[1]} + \varepsilon_{[3]} + \varepsilon_{[5]} + \cdots + \varepsilon_{[15]}.$$

Il est clair que :

$$\sigma_{2.0} + \sigma_{2.1} = \varepsilon_{[0]} + \varepsilon_{[1]} + \cdots + \varepsilon_{[15]} = -1.$$

On peut montrer que :

$$\sigma_{2.0} \cdot \sigma_{2.1} = 4\big(\varepsilon_{[0]} + \varepsilon_{[1]} + \cdots + \varepsilon_{[15]}\big) = -4.$$

On peut prouver ceci facilement par une simple multiplication et en utilisant $\varepsilon_k \varepsilon_l = \varepsilon_{k+l}$. Mais nous indiquerons plus bas comment éviter ces calculs fastidieux. Après avoir appliqué le théorème de Viète on peut trouver une équation quadratique dont les racines seront $\sigma_{2.0}$ et $\sigma_{2.1}$:

$$x^2 + x - 4 = 0, \quad x_{1,2} = \frac{-1 \pm \sqrt{17}}{2}.$$

Pour distinguer les racines on fait comme plus haut : dans chaque somme, les racines vont de pair avec leur associée. Il est clair que $\sigma_{2.0} > \sigma_{2.1}$ (dans le premier cas il faut additionner les parties réelles des racines ε_1, ε_2, ε_4, et ε_8, dans le deuxième ε_3, ε_5, ε_6, et ε_7). Ainsi :

$$\sigma_{2.0} = \frac{\sqrt{17} - 1}{2}, \quad \sigma_{2.0} = \frac{-\sqrt{17} - 1}{2}.$$

Examinons les sommes de 4 racines

$$\sigma_{4.0} = \varepsilon_{[0]} + \varepsilon_{[4]} + \varepsilon_{[8]} + \varepsilon_{[12]}$$

179

$$\sigma_{4.1} = \varepsilon_{[1]} + \varepsilon_{[5]} + \varepsilon_{[9]} + \varepsilon_{[13]}$$

$$\sigma_{4.2} = \varepsilon_{[2]} + \varepsilon_{[6]} + \varepsilon_{[10]} + \varepsilon_{[14]}$$

$$\sigma_{4.3} = \varepsilon_{[3]} + \varepsilon_{[7]} + \varepsilon_{[11]} + \varepsilon_{[15]}.$$

On a : $\sigma_{4.0} + \sigma_{4.2} = \sigma_{2.0}$ et $\sigma_{4.1} + \sigma_{4.3} = \sigma_{2.1}$. On peut aller plus loin et montrer que : $\sigma_{4.0} \cdot \sigma_{4.2} = \sigma_{2.0} + \sigma_{2.1} = -1$ ce qui signifie que $\sigma_{4.0}$ et $\sigma_{4.2}$ sont les racines de l'équation

$$x^2 - \sigma_{2.0} x - 1 = 0.$$

On résout cette équation et, comme $\sigma_{4.0} > \sigma_{4.2}$ on obtient après quelques transformations simples :

$$\sigma_{4.0} = \frac{1}{4}\left(\sqrt{17} - 1 + \sqrt{34 - 2\sqrt{17}} \right),$$

$$\sigma_{4.2} = \frac{1}{4}\left(\sqrt{17} - 1 - \sqrt{34 - 2\sqrt{17}} \right).$$

De façon analogue :

$$\sigma_{4.1} = \frac{1}{4}\left(-\sqrt{17} - 1 + \sqrt{34 - 2\sqrt{17}} \right),$$

$$\sigma_{4.3} = \frac{1}{4}\left(-\sqrt{17} - 1 - \sqrt{34 - 2\sqrt{17}} \right).$$

On en arrive à la dernière étape : on pose

$$\sigma_{8.0} = \varepsilon_{[0]} + \varepsilon_{[8]} = \varepsilon_1 + \varepsilon_{16},$$

$$\sigma_{8.4} = \varepsilon_{[4]} + \varepsilon_{[12]} = \varepsilon_4 + \varepsilon_{13}.$$

On pourrait examiner quatre autres formules du même type mais cela n'est pas nécessaire puisqu'il nous suffit ici de démontrer que

$$\sigma_{8.0} = 2\cos\left(\frac{2\pi}{17}\right)$$

est un irrationnel quadratique pour pouvoir construire un polygone régulier à 17 côtés. On a :

$$\sigma_{8.0} + \sigma_{8.4} = \sigma_{4.0} \text{ et } \sigma_{8.0} \cdot \sigma_{8.4} = \sigma_{4.1}.$$

On voit comme avant que $\sigma_{8.0} > \sigma_{8.4}$, c'est pourquoi $\sigma_{8.0}$ est la plus grande racine de l'équation

$$x^2 - \sigma_{4.0}x + \sigma_{4.1} = 0,$$

c'est-à-dire

$$\sigma_{8.0} = 2\cos\frac{2\pi}{17} = \frac{1}{2}\left(\sigma_{4.0} + \sqrt{(\sigma_{4.0})^2 - 4\sigma_{4.1}}\right)$$

$$= \frac{1}{8}\left(\sqrt{17} - 1 + \sqrt{34 - 2\sqrt{17}}\right)$$

$$+ \frac{1}{4}\sqrt{17 + 3\sqrt{17} - \sqrt{170 + 38\sqrt{17}}}.$$

Nous avons déjà quelque peu modifié la formule pour

$$\sqrt{(\sigma_{4.0})^2 - 4\sigma_{4.1}}$$

mais nous épargnerons au lecteur les détails.

En utilisant la formule obtenue pour $\cos\left(\frac{2\pi}{17}\right)$ on peut construire un polygone régulier à 17 côtés à l'aide des règles les plus élémentaires de construction géométrique. Cette procédure est, on l'imagine, très fastidieuse et aujourd'hui on connaît des méthodes de construction bien plus élégantes. Nous exposerons l'une d'entre elles (sans la démontrer) dans les pages qui suivent.

On peut dire aujourd'hui, avec le recul, qu'à l'époque d'Euclide il était impossible de découvrir la formule de $\cos\left(\frac{2\pi}{17}\right)$; Gauss appartient à une nouvelle époque des espaces mathématiques. En fait, le plus important ici était d'avoir démontré que l'on pouvait construire un polygone régulier à 17 côtés, le raisonnement lui-même étant secondaire. Pour le démontrer, il suffisait de savoir qu'on trouve à chaque étape des équations quadratiques ayant pour coefficient des irrationnels quadratiques, sans *écrire les formules développées* (c'est essentiel pour les polygones à un grand nombre de côtés). Il reste encore un point à expliquer pour comprendre la résolution de l'équation (6) : pourquoi avoir regroupé les racines en utilisant une nouvelle numérotation ? Comment Gauss a-t-il pensé à ce procédé ? Reprenons la démonstration en insistant sur cette idée clef : l'étude de la symétrie dans l'ensemble des racines.

La symétrie dans l'ensemble des racines de l'équation (6)

Le problème est étroitement lié aux restes arithmétiques de la division par n (modulo n). Évidemment, si

$$\varepsilon^n = 1,$$

alors ε^k est également une racine du $n^{\text{ème}}$ degré de l'unité et sa valeur ne dépend que du reste de la division de k par n. Posons $\varepsilon = \varepsilon_1$ (cf. formule (1)) alors ε_k est égal à ε_1 à la puissance k, c'est pourquoi

$$\varepsilon_k \cdot \varepsilon_l = \varepsilon_{k+l} \ ;$$

on prend la somme modulo n (reste de la division par n) ; en particulier $\varepsilon_k \cdot \varepsilon_{n-k} = \varepsilon_0 = 1$.

Problème 1 :

Si p est un nombre premier, et δ une racine complexe quelconque du $p^{\text{ème}}$ degré de l'unité, alors l'ensemble

$$\{\delta^k, k = 0, 1, \ldots, p-1\},$$

comprend toutes les racines p-ièmes de l'unité.

Indications :

il s'agit de démontrer que dans ce cas, pour tout $0 < m < p$, parmi les restes de la division des nombres km, $k = 0, 1, \ldots, p-1$ par p on trouve tous les chiffres de $0, 1$ à $p-1$. Soit T_k la transformation suivante (élévation à la puissance k) :

$$T_k : T_k\varepsilon_s = \varepsilon_{sk} = (\varepsilon_s)^k.$$

Problème 2 :

Montrer que si $n = p$ —nombre premier— alors toutes les transformations

$$T_k \cdot k = 1, 2, \ldots, p-1$$

sont des bijections de l'ensemble des racines sur lui-même (c'est-à-dire : l'ensemble des racines $\{T_k\varepsilon_0, T_k\varepsilon_1, \ldots, T_k\varepsilon_{p-1}\}$ coïncide avec l'ensemble de toutes les racines $\{\varepsilon_0, \varepsilon_1, \ldots, \varepsilon_{p-1}\}$.

Le *problème 1* montre que, pour tout $1 \leq s \leq p-1$, l'ensemble $\{T_0\varepsilon_s, T_1\varepsilon_s, \ldots, T_{p-1}\varepsilon_s\}$ est l'ensemble de toutes les racines. D'après les *problèmes 1 et 2*, on peut dire que si on construit un tableau tel qu'à l'intersection de la $k^{\text{ème}}$ ligne et de la $l^{\text{ème}}$ colonne se trouve

$$T_k\varepsilon_s \ 1 \leq k, s \leq p-1,$$

alors, dans chaque ligne et dans chaque colonne, figureront toutes les racines dans un certain ordre, chacune ne figurant qu'une fois. Remarquons que

$$T_{p-1}\varepsilon_s = \varepsilon_{-s} = (\varepsilon_s)^{-1}.$$

Examinons maintenant le problème lorsque $p = 17$. On dira que l'ensemble des racines M est *invariant* par T_k si $T_k\varepsilon_s$ est encore dans M pour ε_s dans M. L'ensemble de toutes les racines $\{\varepsilon_1, \ldots, \varepsilon_{16}\}$ est le seul ensemble invariant par toutes les T_k.

L'idée sous-jacente est que l'ensemble des racines est d'autant plus intéressant que le nombre de transformations le laissant *invariant* est grand. Prenons pour T_k une autre numérotation $T_{[s]}$ comme on l'avait fait pour ε_k :

$$T_{[s]} = T_k$$

quand $k = 3^s$. On a alors :

$$T_{[s]}\varepsilon_{[k]} = \varepsilon_{[k+s]},$$

On dira que l'ensemble des racines M est invariant par T_k si $T_{[k]}\varepsilon_{[s]}$ est encore dans M pour ε_s dans M.

$$T_{[m]}(T_{[k]}\varepsilon_{[s]}) = T_{[m+k]}\varepsilon_{[s]}.$$

Les sommes entre crochets seront prises modulo 16. Le lecteur fera un rapprochement ici avec les logarithmes, ce qui n'a rien d'étonnant puisque $\varepsilon_{[s]} = \varepsilon_3{}^s$.

Problème 3 :

Montrez que si un ensemble de racines est invariant par un $T_{[k]}$ avec k impair, alors, cet ensemble est invariant par toutes les transformations $T_{[m]}$ c'est-à-dire qu'il est soit vide, soit c'est l'ensemble de toutes les racines.

Indications :

Il suffit de montrer que, si k est impair, il existe m tel que la division de $k.m$ par 16 donne pour reste 1.

D'autre part, on a deux groupes de racines dépendant de tous les $T_{[k]}$ (avec k pair) : les racines $\varepsilon_{[l]}$ avec l pair, et les racines avec l impair. Soit $\sigma_{2,0}$ et $\sigma_{2,1}$ leurs sommes. Il est clair que $\sigma_{2,0} + \sigma_{2,1} = -1$. Étudions

$$\sigma_{2,0} \cdot \sigma_{2,1} ;$$

cette multiplication est la somme de produits $\varepsilon_{[k]} \cdot \varepsilon_{[l]}$ où k est pair et l impair, qui sont chacune une racine $\varepsilon_{[m]}$ avec, en tout 64 termes. Montrons que chaque racine $\varepsilon_{[0]}, \varepsilon_{[1]}, \cdots, \varepsilon_{[15]}$, apparaît exactement quatre fois, d'où :

$$\sigma_{2,0} \cdot \sigma_{2,1} = -4 .$$

On utilise le fait que les transformations $T_{[k]}$ conservent ces groupes de racines lorsque k est pair et les transforment l'un en l'autre lorsque k est impair. Chaque terme de $\sigma_{2,0} \cdot \sigma_{2,1}$ peut s'écrire sous la forme $\varepsilon_{[m]}\varepsilon_{[m+r]}$ où $0 \leq m \leq 15$, $r = 1, 3, 5, 7$ (montrez-le !). On regroupe les termes ayant le même r. Les sommes obtenues seront :

$$\varepsilon_{[0]}\varepsilon_{[r]} + \varepsilon_{[1]}\varepsilon_{[r+1]} + \cdots + \varepsilon_{[15]}\varepsilon_{[r+15]}$$

$$= T_{[0]}(\varepsilon_{[0]}\varepsilon_{[r]}) + T_{[1]}(\varepsilon_{[0]}\varepsilon_{[r]}) + \cdots + T_{[15]}(\varepsilon_{[0]}\varepsilon_{[r]})$$

$$= T_{[0]}\varepsilon_{[r]} + T_{[1]}\varepsilon_{[r]} + \cdots + T_{[15]}\varepsilon_{[r]}$$

$$= \varepsilon_{[0]} + \varepsilon_{[1]} + \cdots + \varepsilon_{[15]} = -1 .$$

On s'est servi de :

$$T_{[m]}\varepsilon_{[k]} \cdot T_{[m]}\varepsilon_{[l]} = T_{[m]}\big(\varepsilon_{[k]}\varepsilon_{[l]}\big)$$

et des propriétés de $T_{[m]}$ étudiées précédemment. Les valeurs de $\sigma_{2.0}$ et $\sigma_{2.1}$ figurent plus haut. Passons à l'étape suivante : on veut examiner des groupes de racines invariantes par un $T_{[k]}$. En se reportant au *problème 3*, on peut montrer qu'il faut alors que k soit divisible par 4. On a donc 4 groupes de racines invariants par tous les $T_{[4s]}$ et plus petits que ceux que l'on a déjà examiné ; écrivons les sommes des racines pour chaque groupe : $\sigma_{4.0}$, $\sigma_{4.1}$, $\sigma_{4.2}$, $\sigma_{4.3}$. On a déjà vu que $\sigma_{4.0} + \sigma_{4.2} = \sigma_{2.0}$ et $\sigma_{4.1} + \sigma_{4.3} = \sigma_{2.1}$.

Calculons $\sigma_{4.0} \cdot \sigma_{4.2}$. Il s'agit de la somme de 16 termes du type $\varepsilon_{[4k]}\varepsilon_{[4l+2]}$. Chaque terme s'écrit sous la forme

$$\varepsilon_{[2m]} \cdot \varepsilon_{[2m+2r]}, \ r = 1, 3,$$

$m = 0, 1, 2, 3, 4, 5, 6, 7$. On regroupe les termes ayant le même r et on remarque que $\varepsilon_{[0]}\varepsilon_{[2]} = \varepsilon_1\varepsilon_9 = \varepsilon_{10} = \varepsilon_{[3]}$ et $\varepsilon_{[0]}\varepsilon_{[6]} = \varepsilon_1\varepsilon_{15} = \varepsilon_{16} = \varepsilon_{[8]}$.

Avec $r = 1$ on a :

$$T_{[0]}\varepsilon_{[3]} + T_{[2]}\varepsilon_{[3]} + \cdots + T_{[14]}\varepsilon_{[3]} = \sigma_{2.1}.$$

Avec $r = 3$:

$$\sum_k T_{[2k]}\varepsilon_{[8]} = \sigma_{2.0},$$

$$\sigma_{4.0} \cdot \sigma_{4.2} = \sigma_{2.0} + \sigma_{2.1} = -1.$$

En résolvant l'équation, on obtient $\sigma_{4.0}$ et $\sigma_{4.2}$.

Pour finir, nous étudierons les groupes de racines invariantes par $T_{[8]}$, il y en a 8 dont

$$\sigma_{8.0} + \sigma_{8.4} = \sigma_{4.2}.$$

Calculons $\sigma_{8,4} \cdot \sigma_{8,4}$.

En tenant compte de
$$\varepsilon_{[0]} \cdot \varepsilon_{[4]} = \varepsilon_1 \varepsilon_{13} = \varepsilon_{14} = \varepsilon_{[9]}.$$
On a
$$\sigma_{8,0} \cdot \sigma_{8,4} = T_{[0]}\varepsilon_{[9]} + T_{[4]}\varepsilon_{[9]} + T_{[8]}\varepsilon_{[9]} + T_{[12]}\varepsilon_{[9]} = \sigma_{4,1}.$$
On a donc
$$\sigma_{8,0} = 2\cos\frac{2\pi}{17}.$$

La démonstration est terminée.

Comme on vient de le voir, la démonstration de Gauss s'appuie avant tout sur des transformations sur les racines. Lagrange (1736-1813) fut le premier à s'intéresser au rôle de ces transformations dans la résolution des équations, mais à cette époque, Gauss n'avait pas encore lu ses œuvres. Plus tard Évariste Galois (1811-1832), utilisera ces transformations pour édifier la théorie remarquable à laquelle il donna son nom.

Gauss a essentiellement construit la théorie de Galois pour l'équation cyclotomique.

Généralisation possible ; les nombres premiers de Fermat

Si l'on ne cherche pas à obtenir la valeur exacte des racines mais que l'on essaie de démontrer simplement qu'il s'agit d'irrationnels quadratiques, on peut éviter la plupart des calculs, en étudiant seulement la notion d'invariance. $\sigma_{2,0} \cdot \sigma_{2,1}$ est la somme de certaines racines $\varepsilon_{[k]}$ et, dans la mesure où cette somme est invariante par toutes les $T_{[k]}$, toutes ces racines apparaissent un même nombre de fois. Donc $\sigma_{2,0} \cdot \sigma_{2,1}$ est un nombre entier. De la même façon, $\sigma_{4,0} \cdot \sigma_{4,2}$ ne se trouve pas modifié, par toutes les $T_{[2k]}$: il s'agit donc d'une combinaison des $\sigma_{2,j}$. De même, $\sigma_{8,0} \cdot \sigma_{8,4}$ n'est pas modifié par toutes les $T_{[4k]}$: c'est donc une combinaison des $\sigma_{4,j}$.

Cette ébauche de raisonnement permet de mettre en évidence les valeurs p pour lesquelles les démonstrations de Gauss sur les irrationnels quadratiques du $p^{\text{ème}}$ degré de 1 sont valables. L'analyse montre que l'on a utilisé

$$p - 1 = 2^k$$

(à chaque intervalle, les groupes se divisaient en deux), ainsi qu'une numérotation basée sur la primitivité de 3 pour le nombre premier 17. On aurait pu en fait utiliser n'importe quelle racine primitive de tout p du type $2^k + 1$.

Remarquons que si $p = 2^k + 1$ est un nombre premier, alors $k = 2^r$. On a ainsi démontré qu'il est possible de construire au compas et à la règle un polygone régulier à p côtés pour tout p premier du type

$$p = 2^{2^r} + 1 \, .$$

Les nombres du type $2^{2^r} + 1$ ont une histoire : on les appelle les nombres de Fermat. Fermat pensait que tous ces nombres étaient premiers. Et, en effet, pour $r = 0$ on a 3, pour $r = 1$, on a 5, pour $r = 2$, 17 ; pour $r = 3$, 257, $r = 4$, 65537. Il s'agit bien de nombres premiers. Pour $r = 5$, on obtient 4 294 967 297. Si Fermat n'avait pas trouvé d'entier diviseur de ce nombre, Euler montra qu'il y en avait un : 641. On sait aujourd'hui que les nombres de Fermat sont non premiers pour $r = 6, 7, 8, 9, 11, 12, 15, 18, 23, 36, 38, 73$ (pour $r = 73$ par exemple, il existe un diviseur simple : $5 \cdot 2^{75} + 1$). On conjecture que les nombres de Fermat premiers sont en nombre fini.

Quant aux polygones réguliers à n côtés, lorsque n est non-premier, on peut les construire pour tout $n > 2$ du type

$$n = 2^k p_1 p_2, \ldots p_l \, ,$$

où $\quad p_1, p, \ldots, p_l$

sont des nombres premiers de Fermat. Il n'existe pas d'autre n pour lesquels la construction soit possible. Gauss n'en fit pas la démonstration, il dit : "Bien que nos connaissances limitées ne nous permettent pas de faire cette démonstration, nous pensons qu'il est important de publier le résultat pour éviter que d'autres ne refassent le chemin que nous avons déjà fait, dans l'espoir d'arriver à la construction géométrique de la division du cercle (c'est-à-dire à la règle et au compas) en 11, 14, 7, 19 parties égales. Ce serait du temps perdu..." Les résultats de Gauss montrent qu'il est possible de construire un polygone à p côtés avec $p = 257$ et 65 537. Cependant, le calcul des racines, sans parler des indications de construction, est un travail de longue haleine très fastidieux, même s'il n'est que routinier. Ces travaux trouvèrent cependant des amateurs pour $p = 257$ et encore d'autres valeurs. Ces calculs vont de 80 pages à une valise de dimensions respectables ! À ce sujet, le mathématicien J. Littlewood racontait la plaisanterie suivante : un professeur qui voulait se débarrasser d'un étudiant trop zélé lui ordonna de construire un polygone à 65 557 ($= 2^{16} + 1$) côtés ; l'étudiant nota le problème. 20 ans plus tard, il revenait avec la solution.

Des observations fondamentales

Comme nous l'avons vu, le 30 mars 1796 fut un jour décisif dans la vie de Gauss. Klein écrit : "À partir de cette date, Gauss tient régulièrement son journal... En le feuilletant, nous y trouvons une série de découvertes remarquables tant en algèbre, qu'en arithmétique ou qu'en analyse... Et l'on est surpris de rencontrer au milieu de ces idées de génie, des remarques rédigées avec la minutie d'un écolier, des calculs détaillés auxquels même les plus grands n'échappent pas..."

Le travail de Gauss est resté pendant longtemps un modèle pour les chercheurs en mathématiques. L'un des fondateurs de la géométrie non-euclidienne, Janos Bolyai (1802-1860) en parlait comme de "la plus brillante découverte de notre temps, si ce n'est de tous les temps". Mais qu'il était donc difficile de s'y frayer un chemin ! Dans une série de lettres qu'il écrivit à sa famille, le grand mathématicien norvégien Abel (1802-1829) qui démontra l'impossibilité de résoudre par radicaux une équation du 5ème degré, raconte les difficultés qu'il eut pour suivre les raisonnements de Gauss. En 1825, Abel écrit d'Allemagne : "Si Gauss fut réellement le génie qu'on dit, il semble qu'il ait tout fait pour que cela ne se sache pas trop vite". Il décide de ne pas rencontrer le grand homme ; après un séjour en France, il écrit : "J'ai finalement réussi à lever le voile qui me séparait de sa théorie de la division du cercle ; son raisonnement est aujourd'hui limpide comme de l'eau de source".

Les travaux de Gauss poussent Abel à échafauder une théorie dans laquelle se trouvent "tant de théorèmes qu'on a du mal à y croire". Abel finira par prendre le chemin de l'Allemagne pour "prendre" Gauss "d'assaut". Notons que Galois fut également très influencé par les idées de Gauss.

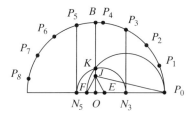

Figure 13

Gauss resta toute sa vie attaché à sa première découverte. On raconte qu'Archimède avait demandé que soit érigé sur sa tombe un monument en forme de globe et de cylindre en souvenir d'une des découvertes qu'il fit. De la même façon, Gauss fit le vœu suivant : sur sa tombe devait figurer le polygone à 17 côtés. On voit la valeur sentimentale qu'il donnait à cette découverte. La tombe de Gauss à

Brunswick n'est gravée d'aucun polygone mais, si l'on regarde bien, on remarque que la pierre repose sur un socle en forme de... polygone régulier à 17 côtés.

2. Le "théorème d'or"

> *"J'ai rencontré une vérité étonnante ; j'ai été attiré par sa beauté mais surtout par le fait qu'elle semblait cacher une multitude d'autres notions tout aussi intéressantes. J'ai mis toute mon énergie pour savoir sur quoi s'appuyait cette vérité et pour trouver une démonstration adéquate. J'y parvins, et depuis, je suis sous le charme, ces recherches me mènent toujours plus loin".*

Le 30 mars 1796, jour où fut construit le polygone régulier à 17 côtés, marque la première page du journal de Gauss. La deuxième découverte est enregistrée le 8 avril : c'est la démonstration du théorème "d'or". Fermat, Euler et Lagrange avaient déjà fait la démonstration pour des cas particuliers ; Euler avait formulé une hypothèse globale que Lagrange avait partiellement démontré. Le 8 avril, Gauss fournit la démonstration complète de l'hypothèse d'Euler sans l'avoir jamais eu sous les yeux : il avait refait le raisonnement depuis le début.

Tout commence par des observations enfantines sur certains nombres très grands. On regarde s'ils se terminent par 2, 3, 7 ou 8 ou alors s'ils sont divisibles par 3 et s'ils donnent un résidu égal à 1.

Gauss s'intéresse au problème général : quels sont les restes de la division des carrés par des nombres premiers. C'est ce que nous allons étudier.

Les calculs quadratiques

On supposera dans toute la suite, que p est un nombre premier différent de 2. On peut diviser des entiers avec un "manque" ou un "excédent", en d'autres termes, le reste peut être positif ou négatif. Par convention, on choisira le reste le plus petit en valeur absolue.

Il n'est pas difficile de montrer que, si p est impair, alors tout entier n s'écrit sous la forme

$$n = pq + r, \qquad |r| \leq \frac{p-1}{2} \tag{1}$$

où p et r sont des entiers, déterminés de manière unique.

Soit r le reste de la division ou le reste de n modulo p, on écrit :

$$n \equiv r \,(\bmod\, p).$$

Remarque :

Nous appellerons ici reste le plus petit reste en valeur absolue dans la mesure où, dans toute la suite, le mot reste sera utilisé uniquement dans ce sens. Mais la rotation $(\bmod\, p)$ est également utilisée dans un sens plus large : elle signifie que $n - r$ est divisible par p.

p	$k = \dfrac{p-1}{2}$	Restes (le plus petit en valeur absolue)
3	1	$-1\ 0\ 1$
5	2	$-2\ -1\ 0\ 1\ 2$
7	3	$-3\ -2\ -1\ 0\ 1\ 2\ 3$
11	5	$-4\ -3\ -2\ -1\ 0\ 1\ 2\ 3\ 4\ 5$
13	6	$-5\ -4\ -3\ -2\ -1\ 0\ 1\ 2\ 3\ 4\ 5\ 6$
17	8	$-8\ -7\ -6\ -5\ -4\ -3\ -2\ -1\ 0\ 1\ 2\ 3\ 4\ 5\ 6\ 7\ 8$

Tableau 1

Inscrivons dans le *tableau 1* les restes pour quelques nombres premiers $p > 2$. Nous cherchons à connaître quels restes peuvent avoir les carrés de nombres entiers quadratiques. Nous les appellerons résidus quadratiques, les autres, non résidus. Les nombres n^2 et r^2 où r est le reste du nombre n modulo p donnent le même reste lorsqu'ils sont divisés par p. Ainsi, si l'on veut trouver les résidus quadratiques, il suffit d'élever au carré les restes, c'est-à-dire les entiers r tels que $|r| \leq k = \frac{1}{2}(p-1)$. Il suffit de prendre :

$$r \geq 0.$$

Faisons les calculs pour les nombres premiers du *tableau 1*. Construisons un nouveau tableau dans lequel les chiffres en caractères gras correspondent aux résidus quadratiques.

p	k	Résidus quadratiques (ou non)
3	1	$-$ **101**
5	2	$- 2 -$ **1012**
7	3	$- \mathbf{3} - 2 -$ **10123**
11	5	$- 4 - 3 - \mathbf{2} -$ **1012345**
13	6	$- 5 - \mathbf{4} - \mathbf{3} - 2 -$ **10123456**
17	8	$- \mathbf{8} - 7 - 6 - 5 - \mathbf{4} - 3 - \mathbf{2} -$ **1012345678**

Tableau 2

Examinons le tableau et essayons de mettre en évidence certaines règles. Chaque ligne comprend exactement $k + 1$ chiffres en caractères gras. Montrons que ceci est vrai pour tout nombre premier $p > 2$. D'après ce qui précède, on peut dire qu'à tout p impair (même non premier) ne correspond pas plus de $k + 1$ résidus quadratiques. On montrera qu'il en existe précisément $k + 1$ si l'on assure que tous les nombres r^2 pour $0 \leq r \leq k$ divisés par p produisent des résidus différents.

Si
$$r_1 > r_2$$

et $r_1^2 r_2^2$ donnent le même résidu quadratique alors, $r_1^2 - r_2^2$ est divisible par p. Dans la mesure où p est un nombre premier, $r_1 + r_2$ ou $r_1 - r_2$ doivent être divisibles par p ce qui est impossible du fait que $0 < r_1 \pm r_2 < 2k < p$. Ceci lorsque p est premier (montrez que sinon cette affirmation peut être fausse).

Le théorème de Fermat et les critères d'Euler

On s'aperçoit que 0 et 1 apparaissent dans toutes les lignes du tableau en caractère gras. Si l'on examine les colonnes, on ne voit pas de règle dans la répartition des chiffres en caractères gras.

Prenons
$$a = -1.$$

On a des caractères gras pour
$$p = 5, 13, 17$$

mais pas pour 3, 13, 17. On remarque que les nombres de la première série donnent tous l comme résidu lorsqu'on les divise par 4 et que ceux de la deuxième série donnent -1. On peut donc imaginer que -1 est résidu quadratique pour les nombres premiers du type $p = 4l + 1$ et non résidu quadratique pour
$$p = 4l - 1.$$

Fermat fut le premier à dégager cette règle qu'il ne démontra pas entièrement (essayez d'en faire la démonstration vous-même, vous verrez que la difficulté majeure vient de ce qu'on ne sait pas comment utiliser le fait que p soit premier).

C'est Euler qui, en 1747, trouva la première démonstration après plusieurs tentatives infructueuses. Il trouva une seconde méthode en 1755 en utilisant le "petit théorème de Fermat" : si p est un nombre entier, alors, pour tout entier a,

$$0 < |a| < p,$$

$$a^{p-1} \equiv 1 \pmod{p}. \tag{2}$$

Démonstration :

lorsque $p = 2$, l'affirmation (2) est évidente ; on peut supposer p impair. Examinons les p nombres

$$0 ; \pm a, \pm 2a, \pm 3a, \ldots, \pm ka ;$$

$k = \frac{(p-1)}{2}$. Tous ces nombres divisés par p donnent des résidus différents de sorte qu'inversement, $r_1 a - r_2 a$ soit divisible par p puisque $r_1 > r_2, |r_1| \leq k, |r_2| \leq k$. Mais p ne divise ni a ni $r_1 - r_2$, puisque

$$0 < r_1 - r_2 < p.$$

Multiplions les valeurs étudiées différentes de 0 ; on obtient $(-1)^k (k!)^2 a^{p-1}$. On remarque que parmi les restes des facteurs se trouvent tous les résidus non-nuls, et en appliquant les règles de calcul des restes, on arrive au résultat : la multiplication a le même reste que $(-1)^k (k!)^2$ c'est-à-dire $(k!)^2 (a^{p-1} - 1)$ est divisible par $p.k!$ Comme $(-0 < k < p)$ n'est pas divisible par p, p divise $(a^{p-1} - 1)$. La démonstration est terminée.

Conséquences :

le résidu $b \neq 0$ est quadratique si et seulement si

$$b^k \equiv 1 \pmod{p}, \quad k = \frac{p-1}{2}. \tag{3}$$

Démonstration :

on comprend facilement les conditions (3). Si $a^2 \equiv b \pmod{p}$, $0 < a < p$, alors $a^{2k} = a^{p-1}$ et b^k doivent avoir les mêmes résidus, 1 en vertu de la formule (2).

Lemme 1 :

Soit $P(x)$ un polynôme d'une variable de degré s et p, un nombre premier. S'il y a plus de s restes modulo r distincts pour lesquels

$$P(r) \equiv 0 \pmod{p} \tag{4}$$

alors (4) a lieu à tous les restes.

Pour $s = 0$ l'affirmation est évidente. Admettons qu'elle soit valable pour les polynômes de degré $(s-1)$ au plus. Admettons que

$$r_0, r_1, \ldots, r_s,\ 0 \leq r_j \leq p$$

satisfont

$$P(r) \equiv 0 \pmod{p}.$$

Représentons $P(x)$ sous la forme

$$P(x) = (x - x_0) Q(x) + P(r_0)$$

où $Q(x)$ est un polynôme de degrés $(r-1)$ et $P(r_0)$ divisible par p. Alors $(r_j - r_0)Q(r_j)$ est divisible par p si $1 \leq j \leq s$. Comme $r_j - r_0$ ne peut être divisible par p, $Q(r_j)$ est divisible par p ; ainsi d'après l'hypothèse de récurrence, $Q(r)$ sera divisible par p quel que soit r. Donc $P(r)$ est divisible par p, quel que soit r.

Appliquons le lemme au polynôme $P(x) = x^k - 1$. Les k résidus quadratiques non nuls satisfont (4). Cependant, il existe un résidu $(r = 0)$ ne vérifiant pas (4). Ainsi, d'après le lemme tous les non résidus quadratiques ne satisfont pas (4), la condition (3) est donc suffisante.

Remarque :

Pour un non-résidu quadratique b, on a $b^{(p-1)/2} \equiv -1 \pmod{p}$. En effet, si $b^{(p-1)/2} \equiv r \pmod{p}$ alors $r^2 \equiv 1 \pmod{p}$ d'où $r = -1$. Les résidus

$$r \equiv 1 \pmod{p}$$

et

$$r \equiv -1 \pmod{p}$$

sont les seuls à satisfaire

$$r^2 \equiv 1 \pmod{p}$$

Si $p = 4l + 1$, (3) est vérifiée (k étant pair)

Si $p = 4l - 1$, (3) n'est pas vérifié, (k étant impair).

L'hypothèse formulée plus haut est désormais un théorème. Donc nous avons les valeurs de r pour lesquelles le résidu -1 est quadratique.

Problème 1 :

Montrer que si $p \neq 2$ est un diviseur premier de $n^2 + 1$; alors $p = 4l + 1$.

On a donc que -1 est un résidu quadratique pour $p = 4l + 1$ et un non résidu pour $p = 4l - 1$. Examinons cette affirmation. Elle comporte deux parties : une proposition négative, pour $p = 4l - 1$ et une proposition positive pour $p = 4l + 1$. Dans le premier cas, il semble naturel de chercher des propriétés vérifiées par les résidus quadratiques mais pas par (-1) ; c'est ce que fit Euler. La propriété qu'il mit en évidence est remarquable du fait qu'elle lui permit également de démontrer la deuxième partie de la proposition. Si l'on essayait de démontrer cette partie de l'hypothèse, il faudrait déterminer n avec $p = 4l + 1$ de façon à ce que divisé par p, il donne un résidu égal à -1. Euler essaya de la démontrer mais n'y parvint qu'imparfaitement.

En d'autres termes, on est assuré que, si l'on prend des chiffres $1, 2, \ldots, 2l$, qu'on les élève au carré, que l'on calcule les restes de la division des carrés, on obtiendra tôt ou tard la valeur -1. Mais, ne faudrait-il pas déterminer n et p directement ? C'est ce que fit Lagrange (1736-1813) en 1773, à l'aide du théorème suivant.

Théorème de Wilson :

(Wilson (1741-1793), était un juriste, qui fit des études de mathématiques à Cambridge).

Si $p = 2k + 1$ est un nombre premier, alors

$$(-1)^k (k!)^2 \equiv -1 \pmod{p}. \tag{5}$$

On utilisera le *lemme 1* pour démontrer ce théorème. Posons :

$$P(x) = (x^2 - 1)(x^2 - 4) \cdots (x^2 - k^2)$$

et

$$Q(x) = x^{2k-1} - r.$$

Alors, $R(x) = P(x) - Q(x)$ est un polynôme de degré $(2k - 1)$ au plus qui, lorsque

$$x = \pm 1, \pm 2, \ldots, \pm k$$

est divisible par p (P et Q possèdent ces propriétés). Selon le lemme,

$$R(x) \equiv 0 \pmod{p}$$

pour tout x.

La seule chose qui change est que

$$R(0) \equiv 0 \pmod{p}.$$

Comme

$$R(0) = (-1)^k (k!)^2 - 1,$$

on obtient (5).

Corollaire (Lagrange) :

pour $p = 4l + 1$, on a $[(2l)!]^2 \equiv -1 \pmod{p}$.

Problème 2 :

Montrez que, si (5) est vrai, alors p est premier.

Ce problème est l'occasion de remarquer que dans le raisonnement de Lagrange, p doit absolument être premier. Après avoir déterminé les cas où (-1) est un résidu quadratique, Euler trouve des conditions analogues pour d'autres a. Il remarque que lorsque $a = 2$, tout dépend du résidu de la division de p par 8 ; 2 est un résidu quadratique pour les nombres premiers

$$p = 8l \pm 1$$

et un non résidu quadratique pour

$$p = 8l \pm 3$$

(un nombre premier supérieur à 2 divisé par 8 peut donner un résidu de ± 1, ± 3). 3 est un résidu quadratique pour

$$p = 12l \pm 1$$

et un non résidu quadratique pour

$$p = 12l \pm 5.$$

Euler formule alors la conjecture suivante : en général, tout est déterminé par le reste de la division de p par $4a$.

La Conjecture d'Euler : (Gauss appelait cette conjecture "le théorème d'or").
Si on a :
$$0 < r < 4a$$
un nombre est, soit un résidu quadratique, soit un non-résidu quadratique pour tous les nombres premiers entrant dans la progression arithmétique :

$$4aq + r, q = 0, 1, 2, \ldots$$

Il est évident que si $4a$ et r ont un diviseur commun $s > 1$, la progression arithmétique ne comportera aucun nombre premier. Si le premier membre et la raison de la progression sont premiers deux à deux, alors, comme l'assure le théorème de Dirichlet (1805-1859), la progression comprend un nombre infini de nombres premiers.

On a vu que si les critères d'Euler étaient intéressants pour $a = -1$, ils ne pouvaient plus être appliqués pour $a = 2$. Euler ne vint pas à bout de cette question. Il ne put démontrer sa conjecture que pour $a = 3$. Par la suite, Lagrange fit les démonstrations pour $a = 2, 5, 7$. En 1785, il produira une démonstration générale dont certains points resteront cependant mal éclaircis.

La démonstration de Gauss :

Comme les autres mathématiciens, Gauss commence par vérifier la proposition pour $a = -1$; il se doute de la méthode à utiliser, cependant, il étudie différents cas les uns après les autres :

$$a = \pm 2, \pm 3, \pm 5, \pm 7.$$

Il fallut ensuite attendre un an avant qu'il ne parvienne à démontrer l'hypothèse d'Euler à laquelle tant de mathématiciens s'étaient mesurés.

C'est finalement le 8 avril 1796 qu'il fait la démonstration générale que Kroneker (1823-1891) a appelé très justement "démonstration du génie de Gauss". La démonstration se fait par deux récurrence sur a et p. Pour chacun des 8 cas étudiés, Gauss utilise des procédés différents. Il fallait avoir non seulement un esprit très inventif et créatif mais aussi beaucoup de courage pour poursuivre le raisonnement jusqu'au bout. Gauss invente alors six nouvelles façons de démontrer le "théorème d'or" (on en connaît aujourd'hui environ cinquante). Remarquons qu'en général, il est plus facile de trouver de nouvelles façons de redémontrer un théorème déjà démontré. La démonstration que nous exposons ici est proche de la troisième formule proposée par Gauss : elle se base sur un lemme fondamental démontré par Gauss en 1808.

Lemme 2 :

soit $p = 2k + 1$, un nombre premier, a un entier,

$$0 < |a| \leq 2k,$$

$r_1, r_2, \ldots, r_k$ les restes des nombres $a, 2a, \ldots, ka$, le nombre des restes négatifs. On a alors :

$$a^k \equiv (-1)^v \pmod{p}. \tag{6}$$

En utilisant les critères d'Euler, on arrive au

Critère de Gauss :

Un résidu est quadratique si et seulement si v figurant dans le *lemme 2* est pair.

Démonstration du lemme 2 :

On remarque que toutes les valeurs absolues des résidus $r_1, r_2, \ldots, r_k$ sont différentes, cela du fait que la somme et la différence de deux de ces entiers ne sont pas divisibles par p :

$$r_i \pm r_j = (i \pm j)a, i \neq j, |i \pm j| < p, |a| < p.$$

Ainsi, les modules $|r_1|, \ldots, |r_k|$ sont les nombres $1, \ldots, k$ dans un certain ordre. D'où

$$a \cdot 2a \ldots \cdot ka = a^k k!$$

divisé par p donne le même résidu que $r_1 \cdots r_k = (-1)^v k!$. Comme $k!$ n'est pas divisible par le nombre premier p, on obtient la formule (6).

Démonstration de l'hypothèse d'Euler. Remarquons que le raisonnement qui précède n'utilise pas le fait que p est un nombre premier, comme c'est le cas dans le lemme de Gauss.

Regardons la *figure 14* (**a.** ou **b.**), où on note les $\frac{mp}{2}$ si a est positif et les $\left(-\frac{mp}{2}\right)$ si a est négatif

Figure 14

(a) $p = 11$ ($k = 5$), $a = 7$, $v = 3$; (b) $p = 7$ ($k = 3$), $a = -5$, $v = 2$.

Ces points divisent la ligne en intervalles, qu'on numérote. Les points $a, 2a, \ldots, ka$ sont indiqués par des croix ; comme a est un entier non divisible par p, les croix ne peuvent correspondre aux points déjà inscrits, elles se trouveront dans certains intervalles $\left(|a|\frac{p}{2} > |a|k\right)$. On voit que le nombre v figurant dans le lemme est *le nombre de croix situées dans les intervalles de numéros impairs* (démonstration !).

On fait subir une homothétie à la *figure 15* **a.**, de coefficient $\frac{1}{a}$ on obtient la *figure 15* **b.** :

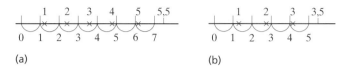

Figure 15

Les points $\frac{mp}{2}$ deviennent des points divisant les intervalles $\left[0, \frac{p}{2}\right]$ en $|a|$ parties égales et les croix en points $1, 2, \ldots, k$.

Ce numérotage des intervalles ne dépendra pas de a : si $a > 0$, ils auront le numéro du point situé à leur gauche ; si $a < 0$, celui du point situé à leur droite. v est le nombre de points entiers situés dans des intervalles impairs. Si on augmente p de $4al$, alors dans chaque intervalle, les points sont augmentés d'exactement $2l$. Cela s'explique de la manière suivante ; l'addition à un intervalle d'un entier ne modifie pas le nombre de points entiers qui s'y trouvent et tout segment de longueur n (n entier) ou tout intervalle de longueur n borné par deux entiers contient exactement n points entiers (démonstration !). Ainsi, si l'on change p en $p + 4al$, la grandeur v est augmentée d'un nombre pair et $(-1)^v$ ne change pas. Ce qui signifie que, pour tout p d'une progression arithmétique, $p = 4aq + r$, la valeur est la même. L'hypothèse d'Euler est démontrée.

On a par la même occasion trouvé un moyen de savoir si a est un résidu quadratique pour p. On prend le résidu r de la division de p par $4a$ (positif pour plus de facilité) ; on divise $\left[0, \frac{r}{2}\right]$ en $|a|$ parties égales qu'on numérote comme avant ; on calcule le nombre v des points entiers se trouvant dans des intervalles impairs. a est un résidu quadratique si et seulement si v est pair.

Effectuons les calculs pour $a = 2$ afin de vérifier les observations d'Euler (tout dépend du reste de la division de p par 8)

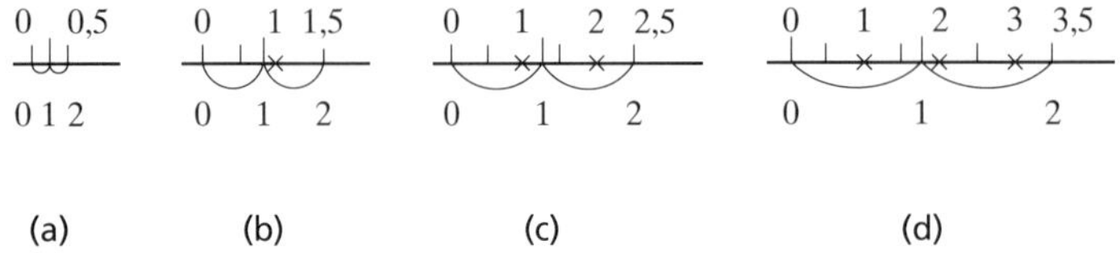

Figure 16

(a) $r = 1$, $a = 2$, $v = 0$; (b) $r = 3$, $a = 3$, $v = 1$; (c) $r = 5$, $a = 2$, $v = 1$; (d) $r = 7$, $a = 2$, $v = 2$.

Soit $a = 2$; il suffit d'examiner $r = 1, 3, 5, 7$, puisque dans les autres cas, la progression arithmétique ne comportera pas de nombres premiers. Comme on le voit sur la *figure 16*, le chiffre 2 est un résidu quadratique pour $p = 8q + 1$, $p = 8q + 7$, c'est-à-dire

$$p = 8q \pm 1 \, .$$

Exercice :

Montrez que -2 est un résidu quadratique pour

$$p = 8q + 1, \; p = 8q + 3 \, .$$

Le cas où $a = \pm 3$; le tableau suivant indique le résultat des calculs.

a \ r	1	5	7	11
3	0	1	1	2
-3	0	1	2	3

Ainsi, 3 est un résidu quadratique pour $p = 12s \pm 1$ (non-résidu quadratique pour $p = 12s \pm 5$) et -3 est un résidu quadratique pour $p = 12s + 1$, $p = 12s - 5$.

Pour $a = 2, 3$, vous avez certainement noté la règle suivante ; deux nombres premiers, dont les restes après division par a sont égaux en valeur absolue, sont soit résidus quadratiques tous les deux, soit non-résidus quadratiques. Bien entendu, Euler avait remarqué ce phénomène et formulé son hypothèse de manière plus précise que nous ne l'avons fait.

Complément à l'hypothèse d'Euler

Soient p et q deux nombres premiers et $p + q = 4a$. Alors, a est un résidu quadratique, pour p et q, ou pour aucun des deux.

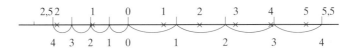

Figure 17

$p = 11, q = 5, a = \frac{(p+q)}{4} = 4, v(p) = 2, v(q) = 2.$

Démonstration :

Faisons les constructions d'après la démonstration de l'hypothèse d'Euler pour les intervalles $\left(0, \frac{p}{2}\right), \left(0, \frac{q}{2}\right)$,

$$a = \frac{(p+q)}{4}.$$

Pour plus de simplicité, on dessine (*Figure 17*) les intervalles de chaque côté de 0. L'intervalle $\left(0, \frac{q}{2}\right)$ sera renversé. Soient $v(p)$ et $v(q)$ le nombre d'entiers situés dans les intervalles impairs respectivement pour p et q. Il suffit de montrer que

$v(p) + v(q)$ est pair. Soient $v_j(p)$ et $v_j(q)$ le nombre des points entiers dans le $j^{\text{ième}}$ intervalle. On voit que

$$v(p) + v(q) = 2 \quad \text{si } j > 0,$$

ce qui implique le résultat.

Effectivement, dans l'intervalle séparant j points situés à droite et à gauche, $(j > 0)$ se trouvent $2j$ points entiers puisque, comme on l'a déjà vu, un intervalle de longueur $2j$ limité par deux points non-entiers contient $2j$ points entiers.

La loi de réciprocité quadratique

En 1798, Legendre démontra une loi que l'on a appelé depuis loi de réciprocité quadratique, et qui est équivalente à l'hypothèse d'Euler. *Euler a été le premier à conjecturer la loi, mais sa démonstration et celle de Lagrange sont incomplètes. C'est Gauss qui le premier a donné une preuve complète.*

On utilisera dans la suite ce que l'on appelle "symbole de Legendre" :

$$\left(\frac{a}{p}\right) = \begin{cases} +1 \text{ si } a \neq 0 \text{ est un résidu quadratique modulo } p \\ -1 \text{ si } a \text{ est un non-résidu quadratique.} \end{cases}$$

Selon le critère d'Euler,

$$\left(\frac{a}{p}\right) = -a^{\frac{(p-1)}{2}} \equiv 0 \,(\bmod\, p). \tag{7}$$

D'où la propriété du symbole de Legendre :

$$\left(\frac{ab}{p}\right) = \left(\frac{a}{p}\right)\left(\frac{b}{p}\right). \tag{8}$$

Remarquons également que le symbole de Legendre peut être déterminé pour tout a non divisible par p de manière à préserver (7) et (8), en posant :

$$\left(\frac{a+p}{p}\right) = \left(\frac{a}{p}\right). \qquad (9)$$

La loi de réciprocité quadratique :
Si p et q sont des nombres premiers impairs alors,

$$\left(\frac{p}{q}\right)\left(\frac{q}{p}\right) = (-1)^{\frac{(p-1)}{2} \cdot \frac{(q-1)}{2}} \qquad (10)$$

En d'autres termes, $\left(\frac{p}{q}\right)$ et $\left(\frac{q}{p}\right)$ sont de signes contraires, si

$$p = 4l + 3,\ q = 4m + 3$$

et sont de même signe dans les autres cas.

Si cette loi a été appelée ainsi, c'est parce qu'elle établit une règle de réciprocité permettant de savoir quand p est un résidu quadratique modulo q selon que p est une racine quadratique modulo q, ou non.

Démonstration : on a toujours

$$p - q = 4a,\ \text{ou}\ p + q = 4a.$$

1er cas :

soit $p - q = 4a$ c'est-à-dire que p et q divisés par 4 donnent les mêmes résidus ; on a

$$\left(\frac{p}{q}\right) = \left(\frac{q+4a}{q}\right) = \left(\frac{4a}{q}\right) = \left(\frac{a}{q}\right)$$

(on a utilisé les formules (8) et (9) et le fait que pour tout q)

$$\left(\frac{4}{q}\right) = 1,$$

$$\left(\frac{q}{p}\right) = \left(\frac{p-4a}{p}\right) = \left(\frac{-4a}{p}\right) = \left(-\frac{1}{p}\right)\left(\frac{a}{p}\right).$$

En vertu de l'hypothèse d'Euler,

$$\left(\frac{a}{p}\right) = \left(\frac{a}{q}\right) \text{ i.e. }$$

$$\left(\frac{p}{q}\right) = \left(\frac{q}{p}\right)$$

quand

$$\left(\frac{-1}{p}\right) = 1$$

et

$$\left(\frac{p}{q}\right) = -\left(\frac{q}{p}\right)$$

quand

$$\left(\frac{-1}{p}\right) = -1.$$

Il faut rappeler que

$$\left(\frac{-1}{p}\right) = 1 \text{ pour } p = 4l + 1$$

et

$$\left(\frac{-1}{p}\right) = -1 \text{ pour } p = 4l + 3.$$

2ème cas :

soit $p + q = 4a$, c'est-à-dire p et q divisés par 4 donnent des résidus différents. On a

$$\left(\frac{p}{q}\right) = \left(\frac{4a-q}{q}\right) = \left(\frac{a}{q}\right).$$

de même :
$$\left(\frac{q}{p}\right) = \left(\frac{a}{p}\right).$$

En vertu du complément à l'hypothèse d'Euler,
$$\left(\frac{a}{q}\right) = \left(\frac{a}{p}\right)$$

donc
$$\left(\frac{p}{a}\right) = \left(\frac{q}{l}\right).$$

On remarque que l'on peut procéder de façon inverse, c'est-à-dire, qu'à partir de la loi de réciprocité, on peut arriver à l'hypothèse d'Euler et à son complément (faites l'exercice !). On remarque en outre que les formules (8) et (10) permettent de calculer $\left(\frac{p}{q}\right)$ plus simplement. Ainsi par exemple :

$$\left(\frac{59}{269}\right) = \left(\frac{269}{59}\right) = \left(\frac{(59 \cdot 4 + 33)}{59}\right) = \left(\frac{3}{59}\right) \cdot \left(\frac{11}{59}\right) = -1$$

car
$$\left(\frac{3}{59}\right) = \left(-\frac{59}{3}\right) = \left(\frac{2}{3}\right) = 1$$

et
$$\left(\frac{11}{59}\right) = -\left(\frac{59}{11}\right) = -\left(\frac{4}{11}\right) = -1.$$

Il est facile de montrer que le symbole de Legendre peut toujours être ramené au cas où $p = 2$ ou $q = 2$.

Exercice :

Calculez $\left(\frac{37}{557}\right)$ et $\left(\frac{43}{991}\right)$.

Pour conclure, remarquons que le problème des résidus quadratiques marque le point de départ de recherches importantes en mathématiques. Si Gauss chercha de nombreuses façons de démontrer la loi de réciprocité quadratique, ce n'est pas dans le but de simplifier le raisonnement. Il pensait que cette loi lui révélerait d'autres règles encore plus intéressantes. Ces règles ne se révéleront que bien plus tard, avec la théorie des nombres algébriques. Après des années de recherche et d'efforts, il appliqua la loi de réciprocité quadratique aux cas cubiques et biquadratiques **(4)** et obtint des résultats. Ces recherches furent approfondies et l'étude des différentes lois de réciprocité reste aujourd'hui un des domaines fondamentaux de la théorie des nombres.

3 - Journées royales

Nous venons de voir en détail les deux premières découvertes que Gauss fit à Göttingen en l'espace de 10 jours, à la veille de ses 19 ans. Sa deuxième découverte se rattache à l'arithmétique (la théorie des nombres), la première s'appuyant également sur les études arithmétiques ; la théorie des nombres fut le premier amour de Gauss.

La science chérie des mathématiciens

C'est ainsi que Gauss appelait l'arithmétique : c'est à cette époque que l'arithmétique acquiert ses titres de noblesse.

Plus tard, Gauss écrira : "C'est grâce à une poignée de grands hommes, dignes de la gloire que l'histoire leur réserva, (comme Fermat, Euler, Lagrange, Legendre) que nous pouvons aujourd'hui accéder aux merveilles de cette science divine ; ils ont su montrer toutes les richesses qu'elle renfermait".

L'un des aspects les plus étonnants du "phénomène Gauss" c'est que, dans ses premiers travaux, il n'utilisa à aucun moment les œuvres de ses prédécesseurs, redécouvrant et redémontrant en quelques mois ce que les plus grands mathématiciens avaient mis 50 ans à trouver. C'est à Göttingen que Gauss fait connaissance des classiques ; il les interprète à sa façon et les compare à ses propres résultats. Il décide de regrouper tous ses travaux en un seul recueil et c'est après son retour à Brunswick, en 1798, une fois ses études finies, qu'il se consacre à ce travail. Il veut y faire figurer tous les résultats qui n'ont pas encore été publiés (si ce n'est dans la presse). La composition de ce livre durera quatre ans.

Le jeune Gauss (1803).

Les *Études Arithmétiques* paraissent en 1801. Cet épais recueil de plus de 500 pages grand format contient les principales découvertes de Gauss : les convergences, les formes quadratiques, la convergence des séries, la loi de réciprocité biquadratique des nombres $am^2 + bmm + cn^2$ (notamment sous forme de somme de carrés). L'ouvrage fut publié aux frais du Duc à qui il était dédié. On en publia d'abord 7 parties ; mais lorsque l'on voulut publier la 8ème, il ne restait plus d'argent dans les caisses (dans ce volume, Gauss exposait la loi biquadratique de réciprocité). Il ne fit la démonstration complète de cette loi que le 23 octobre 1813, date de la naissance de son fils comme il le constate dans son journal.

Klein écrit : "*Les Études Arithmétiques* de Gauss développent une théorie moderne des nombres, dont les conséquences furent déterminantes pour le développement de cette science jusqu'à nos jours. Le mérite de Gauss est d'autant plus grand qu'il ne fit appel à aucune source extérieure, il puisait tout en lui".

Après la publication des *Études Arithmétiques*, Gauss abandonne la théorie des nombres. Il se contente d'analyser et d'étudier à nouveau ses travaux des précédentes années : il trouve ainsi six nouvelles démonstrations de la loi de réciprocité quadratique ! "Gauss était en avance sur son siècle ; il n'avait à l'époque aucun contact sérieux avec les autres mathématiciens, et son livre resta longtemps inconnu des mathématiciens allemands. En France, où il aurait dû susciter l'intérêt de Lagrange, de Legendre et d'autres, le livre n'eut pas de chance : l'éditeur fit faillite et une grande partie du tirage disparut. Ce qui explique que, par la suite, les élèves de Gauss durent réécrire à la main des passages entiers des *Études*. La situation en Allemagne changea dans les années 40, à partir du moment où Dirichlet se mit à étudier l'ouvrage et à enseigner les théories de Gauss. C'est en 1807 que le livre arriva à Kazan.

Les *Études Arithmétiques* eurent une grande influence sur le développement de l'algèbre et de la théorie des nombres. S'appuyant sur les travaux de Gauss sur la division du cercle, Galois parvint à résoudre le problème de la résolution des équations par radicaux. Et encore de nos jours, les lois de réciprocité occupent une place fondamentale dans la théorie algébrique des nombres.

La thèse d'Helmstadt

À Brunswick, Gauss ne disposait pas des livres nécessaires à l'élaboration des *Études arithmétiques*, aussi allait-il souvent à Helmstadt, ville voisine, où se trouvait une grande bibliothèque. C'est là qu'en 1798, il prépare une thèse sur le théorème fondamental de l'algèbre (selon lequel, tout polynôme à coefficients complexes —en particulier réel— a une racine complexe ; si l'on reste dans l'ensemble des réels, le théorème donne : tout polynôme à coefficients réels peut être développé en polynômes du premier ou deuxième degré. Après avoir fait la critique des essais de démonstration déjà existants, Gauss exploite avec beaucoup de méticulosité une idée de d'Alembert. Cependant, il ne parvint pas à une démonstration satisfaisante car il lui manquait une théorie de la continuité. Par la suite, il imagina encore trois façons de démontrer le théorème fondamental (la dernière en 1848).

La lemniscate ; la moyenne arithmético-géométrique

Encore quelques mots sur un des épisodes de la vie du jeune Gauss. En 1791, il a alors 14 ans, Gauss s'amuse au jeu suivant : il choisit deux nombres a_0 et b_0 et construit leur moyenne arithmétique

$$a_1 = \frac{a_0 + b_0}{2}$$

puis leur moyenne géométrique

$$b_1 = \sqrt{a_0 b_0}\,.$$

Ensuite, il calcule les moyennes de a_1 et b_1

$$a_2 = \frac{(a_1 + b_1)}{2} \text{ et } b_2 = \sqrt{a_1 b_1}.$$

Gauss calcule les termes successifs des deux suites aussi loin que possible, et s'aperçoit très vite que a_n se rapproche de b_n, que tous les chiffres finissent par coïncider. En d'autres termes, les deux suites tendent vers une même limite $M(a_0, b_0)$ que l'on appelle *moyenne arithmético-géométrique*.

À la même époque, Gauss s'intéresse à la courbe que l'on appelle lemniscate (ou lemniscate de Bernoulli), lieu des points M dont le produit des distances à deux points 0_1 et 0_2 est constant et égal à $\left(\frac{1}{2}|0_1 0_2|\right)^2$. À partir de 1797, il se plongera dans l'étude systématique de cette courbe : après avoir cherché pendant longtemps à déterminer sa longueur, il devine le résultat :

$$L = \frac{2\pi |0_1 0_2|}{M(\sqrt{2}, 2)}.$$

(M défini plus haut.)

Nous ne connaissons pas les détails de son raisonnement, mais nous savons qu'il le publia le 30 mars 1799. Faute de pouvoir démontrer le résultat, il s'était arrêté, pour les deux valeurs, à 11 chiffres après la virgule. Gauss imagina pour la lemniscate des fonctions analogues aux fonctions trigonométriques du cercle. Ainsi pour la lemniscate, la distance entre les lieux est égale à $\sqrt{2}$, le sinus de la lemniscate est en fait la longueur de la corde correspondant à l'arc de la longueur t. Gauss passera les dernières années du XVIIIe siècle à élaborer la théorie des fonctions de la lemniscate. Il formule des théorèmes pour l'addition, la réduction, analogues aux théorèmes des fonctions trigonométriques. Des fonctions lemniscatiques, Gauss passe aux fonctions elliptiques. Il se rend compte qu'il a affaire à un domaine entièrement nouveau ; après 1800, Gauss n'a plus assez de temps pour poursuivre ses recherches et pour établir une théorie satisfaisante et solide. Il a décidé de ne rien publier avant d'avoir achevé son travail et finalement son projet n'aboutira pas, faute de temps.

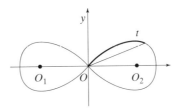

Figure 18

Lemniscate de Bernoulli.

En 1808, il écrit à son ami et élève Schumacher : "Aujourd'hui, le calcul des fonctions logarithmiques et circulaires nous semble aussi simple que deux et deux font quatre, mais la mine d'or que renferme l'étude des fonctions les plus élaborées est encore "terra incognita". J'ai beaucoup étudié la question et, avec le temps, j'espère pouvoir fournir un travail intéressant (dont j'ai déjà parlé dans mes *Études arithmétiques*). Tu seras stupéfait de la richesse et de la complexité de ces nouveaux domaines et des fonctions qui s'y rattachent".

Gauss considère que rien ne presse et que la publication des résultats peut attendre ; ceci, pendant près de trente ans. Mais voilà qu'en 1827, deux jeunes mathématiciens, Abel et Jacobi publient en même temps une grande partie de ce que Gauss avait découvert. "Les résultats de Jacobi constituent une partie de l'immense travail que je compte publier un jour. J'achèverai bientôt cette étude exhaustive de la question, cela, si Dieu me prête vie et s'il me donne la force de continuer" écrit-il à Schumacher.

"Monsieur Abel a surpassé mon raisonnement, il a par exemple réduit d'un tiers ma démonstration en formulant les résultats avec beaucoup de rigueur et d'élégance. Abel a suivi la voie que j'avais choisie moi-même en 1798, aussi n'est-il pas étonnant que nous soyons arrivés aux mêmes résultats. Je suis frappé par la ressemblance de nos méthodes, des expressions et beaucoup de ses formules semblent avoir été copiées sur les miennes. Mais, pour éviter tout malentendu, je dois dire que je ne me souviens pas avoir parlé de mes recherches à qui que ce soit." (Lettre à Bessel).

Finalement, dans une lettre à Kreil, il écrit : "Les démonstrations d'Abel sont si brillantes et si limpides que je crois qu'il est inutile que je publie mes propres résultats" (mai 1828).

Signalons que les *Études* de Gauss où il remarque qu'on peut étendre la théorie de la division du cercle à la lemniscate, ont beaucoup influencé Abel.

À l'avènement du XIXe siècle, Gauss va se détourner des mathématiques pures. Il s'y replongera toutefois de temps en temps et fera des observations géniales. En 1812, il publie une étude sur les fonctions hypergéométriques (dépendant de trois paramètres). En donnant des valeurs particulières à ces paramètres, on peut obtenir la majorité des fonctions que l'on rencontre en physique mathématique. On connaît l'impact des recherches de Gauss sur l'interprétation géométrique des nombres complexes (nous en parlerons plus loin) ; cependant, après 1800, il ne se passionne plus pour les mathématiques et en 1801, il cesse d'écrire son journal (on y trouve encore quelques remarques jusqu'en 1814).

Les astéroïdes

Gauss avait une autre passion : l'astronomie. Les raisons qui poussèrent Gauss à pratiquer cette science sont variées, et les biographes proposent plusieurs thèses. Il faut tout d'abord savoir que, grâce aux travaux de Kepler, Galilée et Newton, l'astronomie se prêtait particulièrement bien à l'application des théories mathématiques. Les travaux d'Euler, d'Alembert, Clairaut, Lagrange, et Laplace en témoignent. En observant le ciel et les astres, les mathématiciens avaient l'impression de pénétrer les secrets de l'univers. Et bien entendu, Gauss, passionné de mathématiques, voulut lui aussi se mesurer à cette science.

On a dit d'autre part que ses motivations étaient plus prosaïques : il occupait en effet la fonction modeste de chargé de cours à Brunswick, ne gagnant que 6 thalers par mois. Il recevait en outre, une rente de 400 thalers du Duc, mais cela n'aurait pas suffit à entretenir une famille ; or Gauss désirait se marier. Il était difficile de trouver une place d'enseignant et, de plus, Gauss n'aspirait pas particulièrement à une carrière pédagogique. Devenir astronome était certainement plus attrayant à cette époque où de nouveaux observatoires étaient installés dans toute l'Europe. Gauss commença à s'intéresser à l'astronomie alors qu'il était encore à Göttingen. Il fit ensuite ses premières observations à Brunswick et dépensa une bonne partie de son argent à acheter un sextant. Pendant plusieurs années, il se livrera à des calculs assez simples ; c'est ainsi qu'il publie une méthode pour mesurer le temps de Pâques et d'autres fêtes cycliques et ce n'est qu'en 1801 qu'il trouvera un sujet à son niveau.

Le 1er janvier 1801, l'astronome Piazzi, qui avait entrepris de faire le catalogue de toutes les étoiles, découvre une étoile inconnue. Après l'avoir observée pendant 40 jours, il décide de demander à d'autres grands astronomes de poursuivre son observation. Il ne reçut pas de réponse ; en juin, cette annonce parvint jusqu'aux oreilles de l'éditeur du seul journal d'astronomie de l'époque qui émit l'hypothèse qu'il s'agissait d'une nouvelle planète, située entre Mars et Jupiter, et dont on soupçonnait l'existence depuis longtemps. Il s'agissait maintenant de trouver "la planète perdue" et, pour cela, de calculer sa trajectoire. Les connaissances des astronomes en mathématiques ne leur permettaient pas de calculer une trajectoire elliptique selon un arc de 9° (comme l'avait trouvé Piazzi). En septembre 1801, abandonnant ses propres recherches, Gauss s'attaque à la question. En novembre, il obtenait le résultat, qui fut publié en décembre dans la revue d'astronomie, et dans la nuit du 31 décembre au 1er janvier, un an après l'observation de Piazzi, le célèbre astronome allemand Olbers, utilisant les calculs de Gauss, découvre la planète Cérès. L'événement fit sensation.

Gauss est alors reconnu, il est élu membre correspondant de l'Académie des Sciences de Saint-Pétersbourg et on lui propose la place de directeur de l'observatoire de Saint-Pétersbourg. Il écrit qu'il est très flatté d'être invité dans la ville où travailla Euler et qu'il songe à s'y installer ; il déclare qu'il ne fait pas souvent beau à Saint-Pétersbourg et qu'il ne pourra donc pas se consacrer à l'observation du ciel ; il aura donc du temps pour enseigner. Il constate ensuite que 1000 roubles valent mieux que 400 thalers, mais que la vie à Saint-Pétersbourg est plus chère.

Cependant, Olbers entend retenir Gauss en Allemagne. Dès 1802, il lui avait proposé de devenir directeur du nouvel observatoire installé à l'université de Göttingen. Olbers écrit à cette occasion que Gauss se refuse catégoriquement à occuper la chaire de mathématiques. C'est finalement en 1807 que Gauss prend sa nouvelle fonction, après s'être marié. C'est également cette année-là que meurt le Duc des suites d'une blessure : désormais, plus rien ne retient Gauss à Brunswick.

La vie à Göttingen n'est pas rose pour Gauss : en 1809, sa femme meurt après avoir mis au monde un fils, qui mourra lui-même quelques mois plus tard. De plus, Napoléon soumet la ville à un impôt très lourd. Gauss doit payer 2000 francs à lui tout seul : Olbers lui propose de l'aider et même à Paris, Laplace lui propose ses services. Mais Gauss est fier et refuse. C'est à cette époque qu'il trouve un nouveau mécène, qui gardera l'anonymat, ce qui fait qu'il ne put jamais être remboursé (on sut par la suite qu'il s'agissait de l'Électeur Meinski, ami de Gœthe). "La mort me serait plus douce" écrit alors Gauss entre deux observations. Son entourage n'apprécie guère son travail, on le considère comme une sorte d'illuminé. Olbers le console : il ne faut jamais compter sur les gens, il faut les plaindre et les servir !

En 1809 est publiée sa fameuse *Théorie sur le mouvement des corps célestes tournant autour du soleil selon des sections coniques* qu'il avait terminée depuis 1807. Ce retard s'explique par le fait que l'éditeur, craignant de ne pas trouver de lecteurs en Allemagne, voulait le faire traduire en français. Pour des raisons de patriotisme, Gauss refusa et le livre sortit finalement en latin. C'est le seul ouvrage d'astronomie de Gauss (on lui doit également quelques articles).

Gauss énonce la méthode qu'il utilise pour calculer les orbites ; pour se convaincre de sa justesse, il recalcule les orbites de comètes de 1709 qui avaient été étudiées à l'époque par Euler (à la suite de quoi, celui-ci perdit la vue). C'est dans ce recueil que se trouve la méthode des moindres carrés, célèbre encore de nos jours. Gauss y avoue qu'il connaît cette méthode depuis 1798 et qu'il l'utilise de façon systématique depuis 1802 (2 années avant la parution de *La théorie du mouvement*, Legendre publia une théorie des moindres carrés). L'année 1810 est l'année de la reconnaissance : Gauss reçoit le prix de l'Académie Française des Sciences ainsi que la médaille d'or de la Société Royale de Londres ; il est en outre élu dans diverses académies d'Europe. En 1804, l'Académie de Paris organise un concours sur le thème : les perturbations de Pallas ; le premier prix est une médaille d'or d'un kilo. On repousse deux fois le terme, jusqu'en 1816, dans l'espoir que Gauss présente un travail. Aidé de son élève Nicolaï, il travaille avec acharnement les premiers temps mais, épuisé par la tension, il fait une dépression nerveuse. Il reprit pourtant ses travaux plus tard et continua à observer le ciel jusqu'à sa mort. C'est la méthode de Gauss que l'on utilisa partout en 1812 pour étudier la fameuse comète (qui, dit-on, annonçait l'incendie de Moscou). Le 28 août 1851, Gauss observe une éclipse solaire. Ses élèves furent fort nombreux : parmi eux, certains sont restés célèbres : Schumacher, Gerling, Nicolai, Strouve… Il enseigna également l'astronomie aux plus grands géomètres allemands. Il entretenait une riche correspondance avec de nombreux astronomes, écrivait des articles, participait à des rencontres. On voit que Gauss-astronome n'a rien à voir avec Gauss-mathématicien qui, comme on l'a vu précédemment, travaillait dans la solitude de son cabinet.

La géodésie (mesure de la terre)

À partir de 1820, Gauss va se consacrer à la géodésie. Il avait déjà tenté, dans les années 10, d'utiliser les mesures de l'arc de méridien calculées par les géodésistes français à la recherche d'une unité de longueur étalon (le mètre). Mais le rayon se révéla trop petit ; Gauss rêvait de faire les mesures d'un arc de méridien assez important. Il n'y parvint qu'en 1820, et ces 20 années de travail ne suffirent pas à réaliser son projet. Ses recherches en géodésie eurent cependant un impact considérable. Dans les années 20, Gauss est invité à se rendre à Berlin pour y diriger un Institut ; il doit y retrouver les mathématiciens les plus brillants, en particulier Jacobi et Abel. Mais les conditions restèrent longtemps floues, les pourparlers durèrent 4 ans et finalement le projet échoua. Gauss reçut toutefois les appointements qu'il aurait du recevoir à Berlin.

La géométrie des surfaces

Pour pouvoir mener ses recherches en géodésie, Gauss dut se replonger momentanément dans la mathématique. En 1816, il cherche à généraliser le principe de la cartographie : représenter une surface par une autre, de façon à ce que l'image ressemble à l'original dans les moindres détails. Gauss conseille à Schumacher de proposer ce thème au concours de la Société Scientifique de Copenhague qui devait être lancé en 1822. Gauss publie alors un mémoire dans lequel il donne tous les éléments nécessaires à la résolution du problème ainsi que certains cas particuliers étudiés par Euler et Lagrange comme l'image de la sphère ou de la surface de révolution sur un plan. Gauss y décrit en détail les diverses applications de sa théorie dans différents domaines dont la géodésie. En 1823 est publié un nouveau mémoire sous le titre *Recherches générales sur les surfaces courbes*, entièrement consacré à la géométrie des surfaces (c'est-à-dire la structure des surfaces, leur position dans l'espace).

Pour parler de façon imagée, la géométrie des surfaces est l'étude de ce que l'on peut connaître des surfaces "en n'en décollant jamais". On peut par exemple mesurer une surface courbe en y tendant un fil de façon à ce que celui-ci soit appliqué à la surface en tout point. La courbe obtenue est dite "géodésique" (elle correspond à une droite sur un plan). On peut mesurer l'angle entre les différentes géodésiques, étudier les triangles et les polygones géodésiques. Si l'on courbe la surface (supposée inextensible et incassable), les distances entre deux points resteront inchangées, les géodésiques restent des géodésiques. On s'aperçoit que, si l'on ne décolle pas de la surface, on peut déterminer si elle est courbe ou non. S'il s'agit d'une vraie surface courbe, il est impossible par quelque procédé que ce soit d'en faire un plan. Gauss établit la caractéristique numérique de la mesure de la courbure d'une surface.

Examinons le voisinage d'un point A d'une surface. On fait passer par chaque point de cette surface une normale (perpendiculaire à la surface) d'une longueur fixée l. Lorsqu'il s'agit d'un plan, toutes les normales seront parallèles, lorsqu'il s'agit d'une courbe, elles se croisent. Déplaçons les normales de façon à ce qu'elles se rejoignent toutes en un point. Les extrémités des normales formeront alors une certaine figure sur la sphère (unité). Soit $\varphi(\varepsilon)$ la surface de cette figure. Alors

$$k(A) = \lim_{\varepsilon \to 0} \frac{\varphi(\varepsilon)}{\varepsilon}$$

donne la courbure de la surface au point A. Si l'on voulait rendre notre surface plane, il faudrait qu'en tout point A, $k(A) = 0$. La mesure de la courbure dépend de la somme des angles du triangle géodésique. Gauss s'intéressa aux surfaces dont la courbure est constante ; la sphère en est une (en tout point A),

$$k(A) = \frac{1}{R} \ (R = \text{rayon}).$$

Dans ses notes, Gauss évoque également la surface de révolution d'une surface de courbure constante négative qu'on appellera plus tard "pseudo-sphère de Beltrami" ; il découvrira que sa géométrie interne est la géométrie non-euclidienne de Lobatchevski.

La géométrie non-euclidienne

Il semble que Gauss se soit intéressé au postulat des parallèles dès 1792, alors qu'il se trouvait à Brunswick, mais il n'aborda véritablement le problème qu'à Göttingen, aidé par un étudiant hongrois, Farkas Bolyai. Dans une lettre adressée à celui-ci, Gauss se dit persuadé qu'il est possible de démontrer le cinquième postulat : "J'ai fait d'importantes découvertes qui pourraient tenir lieu de démonstration" ; un peu plus loin, il déclare : "Cependant, le chemin que j'ai fait, loin de me mener droit au but, me fait plutôt remettre en question l'authenticité de la géométrie". De là à concevoir une géométrie non-euclidienne, il n'y a qu'un pas, mais Gauss ne le fit pas tout de suite ; on a pensé à tort que l'idée d'une géométrie non-euclidienne date de 1799.

Remarquons que l'emploi du temps de Gauss ne lui permet plus à cette époque de consacrer beaucoup de temps à cette étude. Son journal ne contient aucune note sur les parallèles et il semble que ce sujet ne l'ait jamais réellement passionné. En 1804, Gauss réfute la démonstration d'un postulat des parallèles par Bolyai. Dans une lettre, il lui écrit : "… cependant, j'espère qu'une démonstration satisfaisante sera faite de mon vivant. La théorie des parallèles n'a pas évolué depuis Euclide ; c'est le point faible de la mathématique, qu'il faudra un jour ou l'autre bouleverser". "Nous en sommes au même point qu'il y a 2000 ans" (1816). Mais il écrit à la même époque qu'il s'agit là d'une lacune que l'on ne peut éviter. En 1817, dans une lettre à Olbers, il déclare : "Je suis de plus en plus persuadé que les bases de notre géométrie ne peuvent être démontrées, du moins par une intelligence humaine. Peut-être dans une autre vie concevrons-nous l'espace d'une façon différente, que nous ne pouvons pas concevoir aujourd'hui. D'ici là, la géométrie tient plus de la mécanique que de l'arithmétique".

C'est vers cette époque que Schweickart, juriste de Königsberg, déclare le cinquième postulat indémontrable : il affirme qu'il existe, à côté de la géométrie euclidienne, une géométrie astrale dans laquelle le cinquième postulat n'a pas de place. L'élève de Gauss, Gerling, travaillant alors à Königsberg écrit à son maître pour lui communiquer cette remarque. Gauss lui répondra que ces affirmations sont le reflet de ses propres convictions. Les travaux de Schweickart seront poursuivis par Taurinus qui, à partir de 1824, écrivit régulièrement à Gauss. Dans ses lettres, celui-ci souligne que ces affirmations ne sont que partiellement exactes et qu'il ne faut pas les publier. Il pense que cette théorie sera mal acceptée et craint de la voir exploitée par la foule des dilettantes. Ce sont pour lui, des années difficiles, il ne trouve pas le temps de faire toutes les recherches qu'il désire. Et lorsque Gerling décide d'annoncer que l'on peut douter de l'exactitude du cinquième postulat, Gauss l'en dissuade énergiquement : "Vous verrez, les guêpes dont vous détruisez le nid s'en prendront à vous". Il pense de plus en plus à rédiger la conclusion de ses travaux sans toutefois les publier : "il est certain que la publication du résultat de ma recherche n'est pas pour demain et il se peut même qu'elle ne se fasse jamais ; j'entends déjà les cris des Béotiens *(les béotiens étaient, selon la légende ancienne, très stupides)* suscités à "l'annonce de cette nouvelle conception de la géométrie". À partir de mai 1831, Gauss se met à noter systématiquement ses observations : "Voilà quelques semaines que j'ai commencé à écrire mes réflexions, dont certaines ont bien 40 ans ; je ne les avais jamais écrites jusqu'ici, aussi dois-je aujourd'hui refaire dans ma tête trois ou quatre fois la même démarche qu'alors… Je ne voudrais pas que mon travail disparaisse avec moi".

En 1832, son ami Farkas Bolyai lui envoie un petit exposé écrit par son fils Janos : *Appendix* (en complément du livre de son père, *La Science de l'espace absolu*). "Mon fils croit plus en ton jugement qu'en celui de l'Europe entière" dit-il. À sa lecture, Gauss est abasourdi : il y trouve une présentation systématique de la géométrie non-euclidienne, et non plus les remarques et conjectures isolées de Schweickart et Taurinus. Gauss se préparait lui-même à faire ce travail. Il écrit à Gerling : "J'ai trouvé dans cette étude toutes mes idées, tous mes résultats, exposés avec beaucoup d'habileté et une élégance dont seul est capable un spécialiste de la question ; ce jeune géomètre est un véritable génie". Au père de Janos, il écrit : "Toute l'analyse de ton fils, toutes ses idées correspondent aux miennes ; ses résultats et les miens concordent, les miens datant de 35 à 40 ans… C'est réellement stupéfiant ! J'avais décidé de ne pas publier mon travail de mon vivant mais de le rédiger, afin qu'il ne disparaisse pas avec moi. Cet événement inattendu me libère de cette obligation, je me réjouis d'avoir été pris de vitesse par le fils d'un vieil ami". Il ne fit en revanche aucun commentaire personnel à Janos Bolyai. Après cet événement, en dehors de quelques écrits datant des années 40, Gauss cesse de noter ses réflexions sur la géométrie non-euclidienne. En 1841, il découvre l'édition allemande des œuvres de Lobatchevski dont la première publication remonte à 1829. Fidèle à lui-même, Gauss lit toute l'œuvre du savant russe. Il le considère comme l'un des plus grands mathématiciens de Russie et le fait élire membre correspondant de l'Académie de la Société Scientifique Royale de Göttingen. Il lui apprit lui-même la nouvelle ; cependant, ni dans la présentation de Gauss, ni dans le diplôme décerné à Lobatchevski ne se trouve la moindre allusion à la géométrie non-euclidienne.

Les travaux de Gauss sur ce sujet ne furent publiés qu'après sa mort ; voulant éviter toute polémique, il avait préféré rester dans l'ombre et avoir la possibilité de travailler comme il l'entendait. Remarquons que Gauss était intéressé par le postulat des parallèles, pas seulement pour son aspect logique. Il s'intéressait à la place de la géométrie dans les sciences et à la réalité de la géométrie de notre monde physique. Dans ses recherches de géodésie, Gauss mesura même la somme des angles du triangle formé par les montagnes de Holenhagen, Brocren et Inselsberg. Il trouva 2π à moins de 0,2 minutes près.

L'électrodynamique et le magnétisme terrestre

À la fin des années 20, Gauss, qui a plus de cinquante ans se lance dans l'explication de domaines entièrement nouveaux pour lui. En témoignent deux ouvrages publiés en 1829 et 1830 : le premier traite des principes de la mécanique (en particulier le *"principe du moindre effort"*) le second est une étude de phénomènes capillaires. Gauss décide ensuite de se consacrer à la physique puis, en 1831, il s'occupe de cristallographie ; 1831 sera une année difficile : sa deuxième femme meurt, il souffre de terribles insomnies. C'est également en 1831 qu'arrivera à Göttingen le jeune physicien W. Weber. Gauss (qui est à l'origine de cette invitation) l'avait rencontré chez Humboldt en 1828. Il a alors 54 ans et on dit qu'il vit renfermé sur lui-même ; cependant, il trouvera en Weber un collègue et un ami comme il n'en n'a jamais eu auparavant.

La différence de tempérament entre ces deux hommes transparaît déjà dans leur aspect physique : Gauss est trapu, solidement bâti, comme le sont généralement les habitants de la Basse Saxe, taciturne et renfermé alors que Weber est un homme petit, mince, d'une très grande gentillesse, bavard, aimant la compagnie. On ne sait pourquoi, l'artiste qui éleva le monument de Göttingen effaça ces contrastes ; sur le monument, les deux hommes finissent presque par se ressembler. Gauss et Weber s'intéressent à l'électrodynamique et au magnétisme terrestre. En 1833, ils découvrent le télégraphe électromagnétique. Le premier télégraphe de ce type fut installé entre l'observatoire et l'institut de physique mais, pour des raisons économiques, ils n'allèrent pas plus loin.

Tout en étudiant les phénomènes magnétiques, Gauss parvient à la conclusion que, pour construire un système d'unités physiques, il est nécessaire de choisir des grandeurs fixes qui servent d'étalon et exprimer les autres unités en fonction d'elles.

Gauss mène des recherches à l'observatoire magnétique installé à Göttingen et se sert de documents provenant de différents pays, réunis par "l'Union pour l'étude du magnétisme terrestre" créée par Humboldt après son retour d'Amérique du Sud. C'est à cette époque que Gauss formule la théorie du potentiel, partie fondamentale de la physique mathématique. Les travaux communs de Gauss et Weber cesseront en 1843 : Weber est chassé de Göttingen avec d'autres professeurs pour avoir signé une lettre au roi dans laquelle il dénonce le non-respect de la constitution (Gauss n'avait pas signé la lettre). Il ne reviendra qu'en 1849, Gauss a alors 72 ans.

Klein écrit : "Gauss me fait penser aux sommets les plus élevés de la chaîne bavaroise lorsqu'on les regarde du nord. On peut voir d'est en ouest des sommets isolés qui s'élèvent toujours plus haut, jusqu'à un colosse gigantesque qui redescende sur des pentes plus douces, traversées de torrents, source de vie et de fertilité".

Monument en l'honneur de Gauss et Weber à Göttingen.

APPENDICE

Problèmes de géométrie conduisant à une équation du troisième degré

Dans ses *Études arithmétiques*, Gauss affirme sans le démontrer qu'il n'est pas possible de construire à la règle et au compas un polygone régulier à n côtés lorsque n est un nombre premier, que ne fait pas partie des nombres de Fermat (par exemple $n = 7$). Pour les contemporains de Gauss, cette affirmation était tout aussi surprenante que la possibilité de construire un polygone régulier à 17 côtés. En effet, pour $n = 7$ on ne réussit pas à construire de polygone régulier. Sans doute, les géomètres grecs avaient-ils vu la difficulté du problème et ce n'est pas par hasard qu'Archimède proposa de le résoudre en utilisant les sections coniques, sans pour cela chercher à *démontrer* que la construction à la règle et au compas ne suffisait pas.

Notons que les démonstrations de propositions négatives ont eu leur importance dans l'histoire de la mathématique. Pour déclarer une construction impossible, il faut avoir examiné toutes les méthodes imaginables et montré qu'elles ne conviennent pas, alors que pour démontrer une proposition, il suffit de trouver *une* méthode de démonstration.

C'est ce type de raisonnement qu'appliquèrent les pythagoriciens qui voulaient réduire les mathématiques aux nombres entiers, avant d'abandonner (d'eux-mêmes) cette idée, s'étant aperçu qu'il n'existait pas de fraction dont le carré soit égal à 2 (autre formulation, la diagonale d'un carré est incommensurable à son côté). Ainsi, les nombres entiers ne suffisaient pas, même dans des cas simples. Cette découverte était tout à fait inattendue pour les grecs et la légende dit que le pythagoricien qui annonça cette nouvelle fut puni par les dieux (il périt dans un naufrage). Platon (429-348 av. J.C.) raconte qu'il eut beaucoup de mal à concevoir l'existence des irrationnels.

"Erastothène raconte qu'un jour, Dieu lui fit savoir par le truchement de l'oracle, que pour se débarrasser de la peste, il fallait construire un autel deux fois plus grand que l'autel existant ; les bâtisseurs ne voyant comment faire, vinrent demander conseil à Platon qui leur déclara que Dieu n'avait pas adressé le message pour l'autel, mais parce qu'il reprochait aux grecs de négliger la mathématique et la géométrie". On voit que Platon n'hésitait pas à utiliser toutes les situations pour promouvoir la science. Eutonia raconte que la même histoire se trouve dans la légende de Minos (il s'agissait dans ce cas de doubler le volume d'une pierre tombale).

Il fallait donc déterminer les côtés d'un cube de volume double, c'est-à-dire trouver la racine de l'équation $x^3 = 2$. Platon envoya les bâtisseurs à Eudoxe. Si Menechme, Archytas et Eudoxe proposèrent des solutions, aucun d'eux ne trouva de méthode de construction à la règle et au compas. Par la suite, Eratosthène construisit un instrument mécanique permettant de doubler le cube et, dans des vers qu'il fait graver dans le temple de Ptolémée à Alexandrie, suggère que les solutions proposées jusque là sont toutes bien trop compliquées. Menechme avait remarqué que le problème pouvait être ramené à celui de deux moyennes proportionnelles (pour a et b donnés) :

$$\frac{a}{x} = \frac{x}{y} = \frac{y}{b}$$

que l'on peut résoudre en utilisant les sections coniques. Eudoxe aurait utilisé la méthode des "lignes courbes" sur laquelle nous ne possédons aucun renseignement. Quant à Eratosthène, il ne fut pas le premier à se tourner vers la mécanique. Plutarque écrit que "Platon lui-même blâma les amis d'Eudoxe, d'Archytas et de Menechme lorsqu'ils voulurent utiliser un procédé mécanique", pensant qu'ils n'arriveraient jamais à trouver des moyennes proportionnelles par un raisonnement théorique. En effet, Platon craignait de voir la géométrie retomber dans l'intuitif alors qu'elle aurait dû au contraire s'élever et rester éternelle et théorique. (On dit qu'Eudoxe recommanda à Platon d'utiliser des coins de charpentier). Platon qui avait horreur des choses matérielles qui exigent un travail ingrat d'artisan, était sans arrêt en conflit avec Archimède (287-212 av. J.C.) à qui l'on doit de très nombreuses inventions, en particulier des machines qui furent utilisées pour défendre Syracuse. Plutarque a dit qu'Archimède ne faisait qu'obéir aux ordres de Hiéron qui voulait "sortir de son art abstrait pour dominer la réalité palpable, bien que lui-même pensait que le pratique est vil et bas et cherchait toujours à fuir le nécessaire pour atteindre beauté et perfection". (Plutarque).

D'autres problèmes ne purent être résolus à la règle et au compas : la trisection de l'angle (partage en trois parties d'un angle à, la quadrature du cercle et la construction d'un polygone régulier à n côtés (avec $n = 7$ ou $n = 9$). Certains mathématiciens grecs et arabes, tentèrent de résoudre ces questions par des équations cubiques. Le problème du polygone régulier à 7 côtés se réduit à l'équation :

$$z^6 + z^5 + z^4 + z^3 + z^2 + z + 1 = 0,$$

ou

$$\left(z^3 + \frac{1}{z^3}\right) + \left(z^2 + \frac{1}{z^2}\right) + \left(z + \frac{1}{z}\right) + 1 = 0.$$

Si l'on prend $x = z + \frac{1}{z}$, on a

$$x^3 + x^2 - 2x - 1 = 0.$$

Montrons que les racines de l'équation de la duplication du cercle et du polygone à 7 côtés ne peuvent être des irrationnels quadratiques, ce qui implique qu'il est impossible de faire une construction au compas et à la règle. La démonstration suivante peut servir dans des situations très générales.

Théorème

Si l'équation

$$a_3x^3 + a_2x^2 + a_1x + a_0 = 0,$$

à coefficients entiers, a pour racine un irrationnel quadratique, elle a également une racine rationnelle.

Démonstration : Soit x_1 cette racine obtenue à partir de nombres entiers par des opérations du type extraction de racines. Regardons comment x_1 a été obtenu.

On extrait d'abord les racines d'un certain nombre de rationnels $\sqrt{A_1}$, $\sqrt{A_2}$, ..., $\sqrt{A_a}$, puis de certains nombres obtenus par des opérations arithmétiques et des $\sqrt{A_i}$,

soit

$$\sqrt{B_1}, \sqrt{B_2}, ..., \sqrt{B_e}, ...$$

À chaque étape, on extrait des racines de nombres calculés de façon arithmétique à partir de tous les résultats précédents. On obtient des "étages" d'irrationnels quadratiques. Soit $\sqrt{N}$, un des nombres obtenus à la dernière étape avant x_1. Voyons comment $\sqrt{N}$ entre dans x_1. On peut dire que x_1 s'écrit $\alpha + \beta\sqrt{N}$ où $\sqrt{N}$ n'apparaît pas dans les irrationnels quadratiques α, β. Il suffit de remarquer que les opérations arithmétiques appliquées aux expressions du type $\alpha + \beta\sqrt{N}$ donnent des expressions du même type ; c'est évident pour l'addition et la soustraction, pour la multiplication, on le vérifie rapidement, quant à la division, il faut éliminer $\sqrt{N}$ du dénominateur :

$$\frac{\alpha + \beta\sqrt{N}}{\gamma + \delta\sqrt{N}} = \frac{\left(\alpha + \beta\sqrt{N}\right)\left(\gamma + \delta\sqrt{N}\right)}{\gamma^2 - \delta^2 N}.$$

Si l'on pose $x_1 = \alpha + \beta\sqrt{N}$ et que l'on remplace dans l'équation, on obtient une relation du type : $P + Q\sqrt{N} = 0$ où P, Q sont des polynômes en les (α, β, a_i). Si $Q \neq 0$ alors,

$$\sqrt{N} = \frac{P}{Q}$$

et en substituant l'expression de $\sqrt{N}$ dans x_1, on peut exprimer x_1 sans utiliser $\sqrt{N}$.

Si $Q = 0$, alors on vérifie que,

$$x_2 = \alpha - \beta\sqrt{N}$$

est une racine, et puisque

$$-\frac{a_2}{a_3} = x_1 + x_2 + x_3,$$

est la somme des racines, on obtient :

$$x_3 = \left(-\frac{a_2}{a_3}\right) - 2\alpha.$$

(théorème de Viète)

On a de nouveau une racine irrationnelle quadratique, s'exprimant à partir de $\sqrt{A_i}$, $\sqrt{B_j}$, ..., comme x_1, mais sans $\sqrt{N}$.

En itérant ce processus, on se débarrasse de tous les radicaux les uns après les autres, étage par étage, en partant du dernier. On obtient finalement une racine rationnelle et la démonstration est terminée.

Il nous reste à montrer que les équations qui nous intéressent n'ont pas de racines rationnelles. Supposons que le coefficient le plus important soit $a_3 = 1$; dans ce cas, toute racine rationnelle est un entier : il suffit de poser $x = \frac{p}{q}$ (p, q sont premiers entre eux, deux à deux). On multiplie les deux membres de l'équation par q^3 et l'on voit que p^3, donc p est divisible par q d'où $q = 1$. Si α est une racine, alors, $x^3 + a_2x^2 + a_1x + a_0 = (x - a)(x^2 + mx + n)$, où

$$a_2 = -\alpha + m, \, a_1 = -\alpha m + n, \, a_0 = -\alpha n,$$

c'est-à-dire

$$m = a_2 + \alpha, \quad n = a_1 + a_2\alpha + \alpha^2.$$

Cela signifie que si les a_i et α sont des entiers, alors m et n sont aussi des entiers et α divise a_0. Dans les cas qui nous intéressent, il est facile de voir qu'il n'y a pas de racines entières, donc pas de racines irrationnelles quadratiques.

Achevé d'imprimer sur les presses de l'imprimerie Bayeusaine
14401 Bayeux en octobre 1995
Dépôt légal quatrième trimestre 1995

Imprimé en France